狗臉歲月

Stray Dog Night

孫啟元 著

作者簡介

孫啟元（William SUEN Kai Yuen）

出境遊、遊世界、自由行 總編輯
野生動物、海底生態 攝影家
野生動物保護基金會 創辦人
郭良蕙文學創作基金會 創辦人

二〇〇四年獲任中國動物學會獸類學分會理事 任期四年。
二〇〇四年獲任東北林業大學野生動物資源學院兼職教授 任期三年。
二〇〇四年獲任廣州大學生物與化學工程學院客座教授 任期三年。

郭良蕙長子，臺灣嘉義出生，屏東眷村長大，乳名小熊。自幼聰穎，個性靜中帶動，喜獨處，交遊廣濶。興趣多樣性，常思考，常閱讀，常探討人生，常思維哲學。好搖滾、爵士、古典音樂，好鑽研考古，好攝影寫作。熱愛大自然，屢屢觀察動物行為。熱愛旅遊，足跡遍布全世界。

一九七一年，奉母之命，旅居香港，放眼世界，培養獨立精神，發揮大無畏遺傳基因，海濶天空，放蕩不羈。
一九七九年起，任職多份雜誌主編。
一九八〇年起，周遊列國。
一九九一年起，專注哺乳類野生動物行為觀察，進出非洲六十餘次。
一九九三年起，醉心潛水，探索海洋生態。
一九九四年起，投入原始部落演化過程，前進巴布亞新畿內亞五次。

一九九六年起，先後在香港舉辦十三次個人生態攝影展；同時期於臺灣舉辦十次生態攝影個展；接受包括CNN電視臺、SCMP南華早報、RTHK香港電視臺、BBC中國廣播公司、TTV臺灣電視公司等訪問。

二〇〇〇年起，和裴家騏教授、賴玉菁教授組織研究團隊，開始進行香港哺乳類野生動物調查。

二〇一四年起，校對並出版母親生前六十四部著作全集，捐贈各大圖書館。

至今，已成為當今野生動物、海底生態攝影家，兼野生動物、海底生態研究愛好者，也是中國古文物業餘研究鑑定學者。

歷年著作包括：

「蠻荒非洲」

「誰在乎攝影」

「飛來的異鄉客」

「非常攝影」

「野性的堅持」

「永遠的禁錮」
「荒野狂奔」
「靜止中的流動」
「狗臉歲月」
「謎樣的裸露」
「模糊的腳印」
「走樣的臉孔」
「住在城裡的野人」
「蝙蝠的危機上冊」
「蝙蝠的危機下冊」
「遊子心 我的母親——作家 郭良蕙」
「醜陋的傳教士」
「眷村小子　外省掛」
「二二八的原住民」
「蠻荒非洲巡狩誌」

序

〇〇〇

居住臺灣已半個世紀，由小城而都市，由平面而立體。前二分之一時光，飼貓養狗，飼貓為捉鼠，養狗為看門，功效均不大，略有嚇阻作用而已。當年大環境經濟條件欠缺，貓狗跟隨主人，共同克難；記得啟元幼年吃餅乾等零食時，躲在桌下，詢問原因，乃避免蹲在紗門外面的黑皮(Happy)(犬名)看見會不高興。童子稚心，雖覺可笑，但對於貓狗之情，形同家人可見一斑。

六〇年代由南北遷，之後住在高樓，便放棄飼養有生命之物。任何生命，即使花草，也得盡責照顧，若無法「寵」愛，就不必「物」累。

〇〇〇

啟元外方內圓，感情濃厚，深知居住環境不適合有寵物，更何況工作繁忙萬分，無暇兼顧其他；只是對動物自幼扎根的愛心始終未變，惻憐滿街流浪貓狗的悲慘遭遇，忍無可忍，才挺身而出，作為弱勢族群的代言人。最初，為非洲野生動物，然後為禁錮在園中的動物，更進一步為被擯棄的流浪動物，陣陣吶喊，頻頻呼籲。

○○○

物質競賽激烈的社會，人性已嚴重被扭曲，善良消隱，殘忍擴張，責任、道義和信諾等美好風範，在現實生活中都已經是遙遠的名詞。連有生命之物，竟也隨時棄如敝履，家犬扔出門就變成野犬，說起來令人難以相信，臺灣的流浪狗據統計竟有六十萬隻之多！

窮人乍富，荒腔走板，一切向洋人看齊，有時連皮毛都不夠格，國民的氣質和品味不是一天形成的，只看巴黎一地寵愛動物的記錄便知，尊重生命，愛屋及烏，嚴守規律，推己及人，否則花都不可能保持好聲譽。

○○○

有人認為啟元如此耗資心力太多餘，也有人讚許這種拔刀相助見義勇為的精神。富裕的社會若不正視環保，其後果比貧窮還可怕；但是絕不能只靠少數幾人聲嘶力竭，大家一起響應吧！

○○○

讀「狗臉歲月」，渾然融入，隨之起伏，輕鬆又沉重，幽默又刺痛，震憾激盪無已。

「狗臉歲月」是孫啟元創作的報導文學系列之九，對於啟元的功力，我不斷暗暗感恩，並且暗暗驚奇！

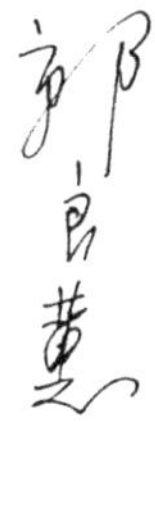

前言

○○○

野狗行為研究，近年倍受重視。

陽明山，由國立臺灣大學動物系教授，指導學生進行田野調查，報告陸續呈交農委會。陽明山國家公園，直指時下出沒園區的野狗是「外來種」，是確確實實的入侵者。

野狗直接或間接影響陽明山區原有生物多樣性，以及生態系的維持。陽明山，野狗以芒草為棲，以不同種類的動植物為食，部分營養甚至取自登山運動的公婆伯嬸叔姨，依賴其攜帶餵食的購飯、肉菜、饅頭和麵包。

陽明山，野狗生存率，顯然由低估的七個月存留率大約百分之十四，一路高升；配合其懷孕期僅僅四個月的驚人繁殖能力，數量居高不下。一波又一波，行為趨向野蠻，長相也越來越雷同。野狗，在陽明山已經成為如假包換的哺乳類野生動物。

人欲謀生，必糾黨結派。

狗欲求存，必糾伙結眾。

○○○

流浪陽明山的野狗，流浪華江河濱公園的野狗；流浪荒郊野外的野狗，流浪鄉間鄰里的野狗；流浪眷村附近的野狗，流浪市區邊緣的野狗；無不呼朋引伴，必三五成群，或十數隻齊齊招搖，同進共退。集結，既方便獵食，又可以合力應付來者不善的另類族群，更利於通風報信，走避圍剿，閃躲捕捉，偶爾群起奮戰，藉以鞏固勢力範圍。

野狗，像猴群，像馬群，像象群，像鳥群，像魚群，像蟻群，像細胞群，脣亡齒寒，互相依賴。

〇〇〇

合群的野狗，可以同心協力扳倒落單的犢、獵殺大意的野豬、可能襲擊無辜的孩童、甚至驅趕勢單力薄的途人。

流浪在外的野狗，本能地恢復豺狼本性。流浪在外的野狗，和原本飯來張口、茶來伸手、養尊處優的家犬，行徑判若兩人。家犬多溫馴，野狗多暴戾。狗，飼養在家與放逐在外，心態截然不同。

〇〇〇

野狗，問題比比皆是，全球皆然。

每個國家，都有教人驚愕的野狗數量；每個國家，也都有讓人感覺措手不及的野狗撲殺行動。並不是只有臺灣，才有野狗問題；也並非只有臺灣，野狗的問題最為嚴重。只不過臺灣政府在處理野狗問題，顯然方法偏差，而且執法不嚴，優柔寡斷，朝三暮四，言行不一致，造成一心護狗、愛狗的民眾，怨聲載道，杯葛抗議，更進一步地挑戰謾罵，走上街頭。

流浪的野狗，被搬上桌面政治化。
流浪的野狗，無端犧牲成為政治鬥爭的無辜工具。
流浪狗的性命，受到莫須有的威脅。
流浪狗的收容品質，降到莫須有的低劣程度。

○　○　○

好吧，總得需要有人站出來替流浪的野狗講講話。並不是沒有人為野狗講過話，而是少有人站在野狗位置，設身處地，為野狗講講話。

累積八年哺乳類野生動物行為追踪的經驗，以及幾近一年街頭流浪狗和進入山區野狗行為的觀察，「狗臉歲月」這本動物報導文學也就脱穎而出了。

目錄

我究竟犯了什麼滔天大錯，主人要狠心拋棄我。

流浪街頭的結果，就是得要被人關起來。

一副懷疑的眼神，因為人類已經不是值得信任的朋友。

兇悍就是本錢，才能夠耀武揚威，混吃混喝。

掛狗牌又能代表什麼，又有什麼作用，狗依然得要淪落街頭，無家可歸。

狼狗也會被踢出家門，絕無例外，徘徊十字路口，不知道何去何從。

就算臉上有點癩皮，還是得要精神抖擻，勇敢的活下去。

臉上掛點小彩又算什麼，繼續戰鬥，力求生存才最重要。

漫無目的走着，一心一意避開人類，走得越遠越好。

來者不善，善者不來，用鼻子聞聞，用耳朵聽聽，再用眼睛仔細看清楚。

請不要叫我流浪狗

寫於臺北街頭

○○○

早晨，九點半鐘，青黃不接。

路邊的攤位，顯然冷清。

不知道從哪一天開始，已經不再回家的流浪貓，也顯得無精打采，拖着狀似疲憊的腳步，離開魚販阿三哥的攤位，不再留戀丟棄路邊的魚腸內臟，走進一角公園，拭臉舔毛，晒起太陽來。

該買菜的婆姨姑媳，早就提着菜籃，鑽回清一色的四層公寓裡。

還沒有買菜的上班族，想必然也得要等到黃昏五六點，才會匆匆露面。

攤販全都清楚。

小小的菜市場，也就全天營業，從早到晚，盡可能擺賣一些新鮮菜肉。偶爾，比肩繼踵。

攤販，就像是路邊三十年不變的老房，挨家接戶，貼得密不透風。

○○○

面對指手畫腳，挑三撿四，皺眉噘嘴的老婦，正在咧嘴苦笑，努力推銷賣着牛肉，滿鑲金牙的老王；聚精會神，小心翼翼，正在剃着幾塊連皮五花肉，正準備鈎上高懸棚樑，藉以引人駐足觀望，可能就會忍不住想要買個半斤，打打牙祭的豬肉譚；站在一邊，目不轉睛，專心一志，想要把蔬菜分門別類，整齊排列，順便折莖摘葉，隨時都得笑臉迎人，裝出一副童叟無欺的阿梅嫂；兩張濕漉漉的木板，橫豎擱着熱騰騰、胖嘟嘟的豆腐，依然白煙裊裊，而那個站着正和阿良吹牛打屁的豆腐佬崩牙張；攤位上面，東倒西歪，成堆長相不一，我每次經過怎麼也看不懂的東瓜、南瓜、苦瓜、青瓜、絲瓜、茄瓜、小黃瓜，卻只顧自賣自誇，口沫橫飛，見人就講個沒完的阿良哥；旁邊，賣花的阿枝，賣水果的阿桂姐，還有那個擺滿一地水桶、膠盆、鋼鍋、鐵鑊，但卻不常出現攤位的地攤林。他們全都習慣擠在幾乎不分彼此，且毫無隱私的攤位，知足地做着小買賣。

大家笑口常開。誰也從來就不會發個半點脾氣。即使我餓昏了頭，忍不住想走過去叨些什麼，總是還沒有張口，已經有人摸摸我的頭，塞給我一些什麼好吃的了。

○ ○ ○

馬路對面，也是攤販。

阿三哥，有條有理，正在重新排列活像殯儀館裡化了妝的尸首，也就是那些躺在冰塊堆裡的死魚。阿福，在旁邊的攤位，掐着煙屁股，瞪着自己攤位七横八豎，躺得真像是寫真集裡面，豐乳肥臀的美女，一隻一隻袒胸露背的土雞、洋雞和烏骨雞，狠狠地吸完最後一口煙。

踢着拖鞋的菲傭，徘徊在阿三哥和阿福的攤位之間，眼溜溜，左右打量着鯧魚和土雞，猶豫老半天，着實抓不定主意。倒是那邊賣麵條和水餃皮的李四，忍不住叫喚着菲傭：

「奴兒，奴兒。」(Noodle, Noodle.)

原來，年輕貌美的菲傭，天天都得要在李四這裡，抓上兩把寬麵條帶回家。是李四無心？還是菲傭有意？我不得知。我只知道，攤販都成了我的好朋友。

○　○　○

聽說，這條馬路的攤販，一擺就是三十年。

賣瓜的阿良，好像就是子承父業，兩代相傳，終身賣瓜為樂。老王，阿譚，梅嫂，豆腐張，賣瓜良，阿枝妹，阿桂姐，地攤林，阿三哥，還有阿福和李四，不明就裡，不知道都是怎麼撐下去和活過來。

其實都和我無關。

我只知道，清晨，黃昏，逢早遇晚，街頭巷尾，鄰里巷弄的街坊婆媳，就會不約而同，雲集攤位，探頭探腦，討價還價，然後個個滿載而歸。難怪貼得密不透風的攤販，哪怕日晒雨淋，照常營業。日出而作，日入而息。大家笑容可掬。儘管馬路兩旁，攤位林立，倒也不至於阻礙交通，從來不見車水馬龍，水洩不通。偶爾，摩托車交錯行駛。半天，才有幾輛計程車呼嘯而過。菜市場，形如小城風光。我瀏覽其間。樂不思蜀。

○○○

下午兩點鐘。睡眼惺忪。

毫不起眼的社區公園，原來就在馬路對面攤位旁邊。

沒有鳥啾，沒有狗吠，沒有孩童喧鬧，沒有酒矸叫賣。

艷陽高掛。紋風不動。幾棵無名老樹，即使蓬鬆葉蔭似乎還是擋不住當頭持續猛然曝晒，顯得有點垂頭喪氣。不知道從哪天開始，就不再回家的流浪貓，披着一身花斑厚毛，像是剛從街頭晒完的棉被，一溜煙，已經躲進暗巷，不知所踪。

公園角落，幾張鐵椅，只坐着一個頭戴日本皇軍軍帽的白髮老人，低壓着帽簷，看不清楚老人是在打盹還是在呆愣。

孤寂的老人狀似默然沉思。

○○○

公園，如同路旁的老房，也是三十年不變。

公園，其實只不過是密麻層疊，灰頭土臉，毫無美感的四層公寓。公園的石林裡面，刻意標榜着丁點三角空地，一排鞦韆，一列滑梯，一塊匠氣十足的小花園，零丁擺着幾張應該是供人休憩的鐵椅，毫無新意。所幸，經年累月有了遮蔭老樹，要不然就連那個頭戴日本皇軍軍帽的白髮老人，也不可能天天出現，就坐在固定的坐位上，似乎永遠有着想不完的往事，狀似沉思；好像只有日據時代，才是他最輝煌的日子；彷彿只有日據時代，才是他最值得回憶的日子。

老人每天坐在鐵椅，整裝待發，準備隨傳隨到，準備隨機應召入伍，反攻大陸，解放臺灣，創建新中國。

我同情那個還在自以為是日本皇軍的白髮老人，有空沒空，我就本能地走近目光呆滯的老人眼前。每回，老人都會自言自語，像是發表演説；老人總是會對着我滿腹牢騷，繼而高談濶論。摸摸我的頭。拍拍我的背。高興起來，還會順手餵我幾個帶在身邊的肉包子。好幾次，我都想告訴老人，我視老人為義父。

○○○

印象已經越來越模糊了。

好像曾經我也有過一個溫暖的家。家，就在轉角看來也是灰頭土臉，絕無美感，那棟四層公寓的三樓。清晨和黃昏，就是主人放我出門，獨自蹓躂，玩耍作樂的美好時刻。只要意猶未盡，我可以自由放縱，繼續穿梭公園，呼朋引伴，交友結社。只要意興闌珊，我也可以拖着疲憊的身軀，伸長了舌頭，淌滴着口水，拾階而上，搖搖尾巴，抓抓大門，回家吃喝睡覺，時而看電視。

我成日歡天喜地，無憂無慮。我只知道四海之內皆兄弟。

印象已經越來越模糊。

似乎曾經主人逢人必誇，說我人高馬大，身手不凡，出自名門，家世顯赫，是愛爾蘭獵狼犬，是皇室犬。說像我這一類的狗，無不體型高健，性情溫順，深受孩童喜愛。也有人說過我，像是專門搜野豬、獵黑熊的法國格里芳·尼韋奈斯獵犬，祖先源自早就滅絕的聖路易斯灰白犬。

我經常在家，得意的顧影自憐。原來我有一副英俊瀟洒的外表，難怪人見人愛，四海之內皆兄弟。

我知道，我是主人讚不絕口的狗兒子。

○○○

印象真的已經模糊得不能再模糊了。

不明就裡，主人居然不告而別。

轉角看來還是灰頭土臉，毫無美感，那棟四層公寓的三樓，早已人去樓空。大門深鎖，我再也無家可歸。從那一天起，公園就是我的家。一下子，我由原本還有溫暖家庭的皇室犬，驟然變成鄰里街坊交頭接耳，竊竊私語，人言嘖嘖的流浪狗。要不是遮蔭老樹底下，坐着的戴着日本皇軍軍帽的白髮老人，似懂非懂的關懷和肉包，我早就失去繼續尋生求存的原動力。

好幾次，我都想要告訴老人，我視老人為義父。

○○○

下午五點鐘。生氣蓬勃。

黃昏的公園，群雄雲集。

就讀高一的校隊吳。國中三年級的李小胖。國二的趙四眼和漫畫陳。手上老是抱着嚷嚷個沒完沒了的吉娃娃，坐在滑梯頂上，吃着零食，那個才念國小三年級的楊麗珍。站在滑梯底下，那是國小五年級的姐姐楊麗珠。

盪鞦韆，溜滑梯，踢毽子，拍籃球，吃冰棒，嚼口香糖，看漫畫書，翻故事書。黃昏的公園，絡繹不絕。下班的劉叔叔，牽着他那隻當成寶貝，卻一看就知道是雜種土狗的小白，走進公園，撒泡尿為記，僅僅為了表示到此一遊。對面二樓的李阿姨，慣例抱着初生的寶寶，坐在花園邊上，定時定量，餵着奶瓶。小朋友，三言兩語，講成一團。老樹的枝頭，也站着好幾隻剛巧路過的麻雀，嘰嘰喳喳，發表議論。對面巷子裡的狗，不知何故，高聲叫吠。流浪貓，神秘兮兮，出現牆角，反覆拭臉舔毛。

黃昏的公園活起來了。

公園，就連馬路旁邊的攤位也都活起來了。買肉的買肉。賣魚的賣魚。磅瓜的磅瓜。秤菜的秤菜。選花的選花。撿水果的撿水果。付錢的，找錢的。交易頻繁，你來我往。

清一色的四層公寓。大人小孩，鑽進冒出，好不熱鬧。

○○○

今天不太一樣，公園出現了不速之客。

公園裡面出現的這個人，架着金邊眼鏡，留了一臉活像我這身黑白雜毛的絡腮鬍，揹着一背包的鏡頭，手裡還拿了照相機。他對着我拍個不停。聽説，這是一個野生動物攝影師，名字叫做孫啟元。

孫啟元是個尤其與眾不同的中年怪人。

一開始，我只覺得他一臉兮髒，並沒有馬上刻意留意他，反而只顧專心跑去消遣那隻和主人同聲同氣，戒心十足，對我再三繞圈迴避，但又想要以撒泡尿為記的雜種土狗。然後又只顧踩上滑梯，跑去戲弄那隻狗仗人勢，一副瞧不起我，對着我大呼小叫的吉娃娃。只覺得兮髒的絡腮鬍，如影隨形，朝我拍上拍下，搞得我好不自在。我這才放下追逐嬉戲的日常作業，回過頭來，好好仔細瞧瞧這個一眼又覺得如同手足，彷彿似曾相識，好像是親兄弟的孫啟元。

校隊吳，這個時候也滿臉狐疑，胳臂夾着籃球，好奇着走過來。校隊吳，忍不住望向還在繼續拍照的絡腮鬍，指着我發問：

「你在幫牠照相？」

「嗯。」

絡腮鬍聚精會神，取景拍照，敷衍以對。

「那你為什麼要拍牠？」

校隊吳決心打破砂鍋問到底，很好奇。

「你認識牠嗎？」

絡腮鬍若有所思，遽然停下動作，調過頭望向校隊吳。

「我當然認識牠。」校隊吳興奮地補充：「牠最怕的人就是我。」

說着，說着。校隊吳就裝腔作勢，吹鬍瞪眼，迎面而來。我急忙閃避。我想起方才痊癒，那個時候血流不止的左後腿，就是被這個小子踢傷的。

「牠住在附近？」

絡腮鬍一面制止校隊吳，一面追問。

「牠以前住在那裡。」校隊吳順手指着轉角看起來依舊灰頭土臉，絕無美感，那棟四層公寓的三樓：「現在卻變成流浪狗。」

「噢？」

輪到絡腮鬍表情茫然，一臉狐疑。

「那家的主人移民了。」

三一八總統大選，陳水扁高票勝出，當時多的是有人移民。校隊吳認為這沒有什麼好奇怪。

印象畢竟是越來越模糊。主人的樣貌，早已隨歲月褪色，已經模糊得不能再模糊。我不知道什麼叫做移民。我只知道主人不明就裡，不告而別，而且生死不明。

絡腮鬍以同情的眼光凝視我。眼神鈎起我傷心無限。我不由自主低頭流淚。

絡腮鬍走過來，摸摸我的頭，拍拍我的背。不再拍照。

絡腮鬍傷感的決定要離開。

○○○

晚上九點鐘。萬籟俱寂。

沒有星星的夜晚，馬路顯得更寥落。

我默默趴臥在公園滑梯底下，像是白天的老人那樣，深陷思維。我努力回憶彷佛曾經擁有過的家庭溫暖。主人還會回來嗎？難道公園就是我的家？

四層公寓裡面，大家都在看電視。

五二〇總統就職，電視新聞鄭重其事，不斷報導，重複又重複：

「陳水扁就職演說，以五不迴避一中。美國國務卿歐布萊特女士表示，陳總統就職演講，具有建設性意義。柯林頓總統，立刻簽名道賀，認為陳總統就職是兩岸透過對話和平解決的新契機。」

我不知道主人當初為什麼要移民。我實在不知道什麼叫做移民。或者，就像是愛爾蘭獵狼犬，當初為什麼會出現臺灣一樣吧。移民，果真是不可思議。

我想起下午，方才見面的那個印象至深的腮幫鬍。我只知道腮幫鬍如影隨形，可能為的是宣揚人道精神，可能為的是替眾多流浪狗申冤訴枉。其實，下午我就好想告訴這個尤其與眾不同的中年怪人孫啟元：

「請務必在介紹我的時候，不要叫我流浪狗。」

〇 〇 〇

新聞一則。

狗咬他一口，他砍狗十六刀。
被砍十六刀，牠縫得像隻填充狗。
名叫賴皮的流浪狗，血快流乾了，縫了三百多針，終於搶回一條狗命。
美國護狗人士，決定循管道接賴皮到美國居住。

○
○
○

可憐的流浪狗。
我才不要流浪。

初嘗流浪的滋味是不習慣，坐在滑梯上分享人類的快樂，但求平衡心裡悶悶不樂。

沒有嬉笑的心情，也沒有耍樂的同伴，短暫的休息為的是要走更長遠的路。

除了吃喝，還有什麼能讓我眼睛發亮，精神為之一振，這不是生活之道，這只是乞求生存。

當自己的周圍沒有愛，充滿的只有悔恨，流浪街頭又能悔恨什麼，久而久之，印象已經模糊。

無親無戚，無依無靠，為什麼要來到這個世界，又為什麼會來到這塊地方，我天生就是一隻流浪狗。

孤獨的老人和寂寞的流浪狗，惺惺相惜，同病相憐，怪來怪去都怪社會的錯。

有機會逗逗吉娃娃，玩於指掌，也是樂事，急得一旁的小妹妹嘰呱亂叫，我可是沒有惡意的啊。

日薄西山，大家都能回家吃晚飯，惟獨我無家可歸，只能唉聲嘆氣，繼續遊蕩街頭，一臉無辜。

晚上主人把我關在店裡看門，白天主人把我綁在路邊電線桿下，毫不人道，毫無自由，我情願去當流浪狗。

流浪也得要有流浪的尊嚴，威風凜凜，儼然不可侵犯，我擺出一副人不犯我，我不犯人的架勢。

奪門而出，拔腳就跑，追求嚮往已久的自由自在，以為植入晶片就得以隨心所欲，家犬從此變成流浪狗。

若有所失，迷惑惘悵，看來像是身出名門卻也要遊蕩街頭，到底是誰的錯，是狗主的錯，還是狗的錯。

談判是過程，就像江澤民所說，要對話，不要對抗，即使流浪狗也知道，要對話，不要對抗。

我的直覺和我的大半生

寫於桃園龜山

○○○

這是一列車隊，全都是改裝過的廂型客貨車。

車身包圍告示牌板。五顏六色，密密麻麻，貼滿清算鬥爭的苛責標語，點名批判臺灣的各級首長。

我和同伴，則分別安排在前後車廂，被盲目地帶出來作創舉式巡迴大遊行。車頂，斗大的擴音喇叭，播放的都是一些不知名的雄壯威武進行曲，中間穿插着各式各樣的精神講話。聽説，高調唱彈的都是誓不罷休，抗議政府肆意撲殺流浪狗行為。

儘管站在廂型車的鐵籠裡面，臭氣薰天，五內如焚，我和同伴無不撐着像是一條硬漢，抖擻振作，搭配口號，沿途狂吠，振振有辭，不斷叫罵助陣。

那個時候，我們一致公認，車隊老闆所作所為，值得肯定。他是我們踏破鐵鞋無處巡，卻碰巧遇到的貴人。他是了不起的救命英雄。

○○○

車隊，像載着凱旋歸來的反共義士，浩浩蕩蕩，一路前進。

當年的我，如同文化大革命的紅衛兵，攀着卡車邊緣，舉起毛語錄，無法無天，聒噪吶喊，不知天高地厚，和同伴跟着車隊大剌剌地進駐大臺北。走走停停，停停走走，四處紮營，就地抗爭。監察院，立法院，農委會，市政府，統統留下大伙的腳印，處處飄來陣陣的尿騷味，吃喝拉撒全在馬路上。

那個時候，我拉風得很，狗臉的歲月也都盡在頭條新聞版面上。

○○○

政治是現實的，無利用價值，立馬打入冷宮，去做深宮怨婦。

退守陽明山豪華別墅的感覺就是不一樣。曾經耀武揚威，就連執勤的警察也都怕他三分的司機羅，屈肩躬背，縮着腦袋，一副無精打采，無可奈何的德性。車隊的司機，沒有一個雄糾糾，氣昂昂。大家都像是鬥敗的公雞，手插褲袋，垂頭喪氣，恍如關在木柵動物園，終身監禁的可憐動物，來回踱步，好像說是什麼的四個月都沒有領過薪水了。

對！最近的飯菜，就像是豬吃的餿水，難以下嚥。就連狗罐頭的味道，也像是發霉腐壞了，反胃得不得了。全然不同了。食物的品質敗壞了。生活的品質變壞了。捱不住的同伴，病的病，死的死。一百多隻當初站在鬥爭第一線的先鋒隊員，眼看損失大半，潰不成軍。偶爾出現的老闆，也避不見面了。

最後，我還是在司機羅手裡的報紙，看見老闆的模樣，尖嘴猴腮，滿臉戾氣，說是要一不做、二不休，決心出來競選立法委員。看過報紙的司機羅，忍不住唉聲嘆氣，對着鐵籠，自言自語：

「走火入魔啦!還選什麼立法委員。買的都是商店拒售，早就過期的狗罐頭。吃的都是餐廳客人用罷，倒進垃圾桶裡的餿飯膭菜。也真為難你們這些被人利用殆盡的流浪狗。」

紅着眼眶，淚如泉湧。司機羅用胳臂擦拭眼角，惻然憐之，悽愴地嗚咽起來。

我本能同情地望着彷彿是徹底覺悟的司機羅，再回過頭來看看身邊一個個毛色暗然，那些當年異口同聲並肩作戰的狗兄弟。我恍如大夢初醒。我不再猶豫。我必須趁黃昏來臨時，四下朦朧，一鼓作氣，頭也不回，拔腿就跑。

我決心離開那些老弱殘兵。

我決心離開那隊再也沒錢雇人洗刷的老爺車。

我決心離開那片本來就不屬於我的陽明山豪華別墅。

最後，我竄進樹林密集的陽明山國家公園，逃之夭夭，設法投靠傳說中的流浪獵狗——綠林俠士羅賓漢。

○○○

暮霞低垂。

疾疾行。

我穿梭於樹林其間，乾渴難耐，飢腸轆轆，驚魂未定，東張西望。天色昏暗，樹影重疊，恍如魑魅魍魎，忽隱若現。我驚吓迷惑，魂飛魄散。不知何時何故，已經昏睡步徑，懵然不覺，卻連連夢魘。我彷彿看見一幅油畫，那是一幅美麗的女主人抱着童年的我，那是一幅端坐而又帶有笑靨的畫像。

時光倒流七十年。

曾幾何時，我也是大家閨秀懷裡抱着的大家閨秀啊。

○○○

記不得當年為什麼會在高速公路演出亡命跳車劇。只記得自己壓根以為有人想要拆散女主人與我。強行拖着我，強迫我擠進滿載家具的搬運大卡車。二話不説，似乎就是要強制我遠走他鄉。我理所當然，中途直覺跳車就逃，逕朝相反方向，連滾帶爬，連走帶跑，千里迢迢，一心想要回故居，一心想要找主人團聚。

我從來不知道，臺灣的交通會有這麼亂。我終於迷失在車陣當中。我站立十字路口，眼淚汪汪，左右為難，直至有人在街頭抱起我，就近送往桃園龜山一間空置的工廠裡。我這才知道自己已經淪為流浪狗。我正和一百多隻高矮不一，長相各異，毛色有別，身世迷離，來自四面八方的狗，同病相憐，同聚共處，同床異夢，然後同流合污地正式當起流浪狗。

這幾年，複雜的經歷讓我重新思量，日後經常捫心自問，我根本就不應該跳車逃亡，那輛滿載家具的搬運大卡車，理應只是搬家吧。我誤把馮京作馬涼，搬家變綁架。一時自以為是的直覺，居然讓我鑄成了大錯。

○○○

一百多隻流浪狗，聚集在一百多坪空置廠房。問題複雜，可想而知。沒完沒了的階級重整，永無安寧的疆域界分，你爭我奪的食物配給，廠房裡每天還都會出現一些陌生的狗臉，變幻無窮的狗社會毫無秩序可言。

撿拾糞便，清洗地板，幫狗輪流洗澡，不知道從哪裡雇來的清潔工人，天天忙不迭地做這做那，不可思議。

我混在中間，施出渾身解數，迎合同類，巴結人類，但求飢餐渴飲，甚至希望還能擠出一席卑微的地位，恢復當年丁點做狗應有的尊嚴和自我。

○○○

「啪！」

「啪啦！」

「乒乓！」

「乒呤乓啷！」

「劈里啪啦！」

「嘩喇嘩喇！」

二樓廠房，四周的玻璃窗，全部被砸爛了。碎片散落一地。

不是地震。那是飛來橫禍。滿地都是飛越窗戶，丟進來的毒肉包。

就是在那個星月無光的夜晚，捉狗隊精英雲集，分頭打破窗戶，丟進來想要毒盡全屋流浪狗的毒肉包，志在消滅我們這群莫名其妙被丟棄、不容分說、被捉來關在這裡的無辜流浪狗，完全效倣若干年前的二二八白色恐怖，寧殺錯，勿放過。

是夜，昏天地暗，哭號嘶嚷，嗚呼哀哉。原本只能飽一餐、餓一頓，永遠搶不到飯吃的老弱殘兵，無一倖免，橫屍遍野，幾乎全部死光光。不食嗟來食，我居然僥倖生還。

鬼哭神號，悲慘恐怖，歷歷在目。無助的眼神，悽慄的表情，我永遠忘不了一張一張透露哀求、但又全然絕望的狗臉。

○○○

第二天，廠房的老闆慌忙出現。他痛不欲生，痛心疾首，接着痛哭流涕起來。驀地，老闆站起來，淚流滿面，指着窗外的白雲，深惡痛絕，唸唸有詞，字字毒辣，詛咒起當時尚在桃園縣任職縣長的呂秀蓮。他說：這些都是呂秀蓮的主意，她是罪魁禍首。

這一天，但凡活着的我們，統統被動員起來了。

首先，老闆在廠房設立靈位，弔祭是役死難的流浪狗，成立忠狗祠。然後，老闆又找到幾輛滿貼標語的廂型客貨車，載着我們離開傷心地，另尋居所，順便大街小巷遊行叫罵，指責政府殘忍懦弱，不敢面對滿街都是流浪狗的根本問題。

改裝的廂型客貨車，越來越多。

無緣無故，被揪出來入盟爭抗的流浪狗，也越來越多了。

老闆終於決定誓師北伐，決定進駐大臺北。

那個時候，我們一致公認，老闆和車隊的所作所為，值得肯定。老闆是我們踏破鐵鞋無處尋，卻僥倖遇見的大貴人。

老闆，絕對會是我們了不起的救命英雄。

○○○

夢魘連連。

我被沾濕鼻頭的冰涼露水輕輕喚醒。

我隱約聽見雞啼鴨嚷，似乎還夾雜着林鳥的悅耳清唱。

我瞇着惺忪睡眼，看見穿透層層樹葉洒進樹林步徑的點滴晨曦。

我想起來了，我正躺在陽明山國家公園的步徑上。不錯，這裡正是我昨天下午不由自主，不顧死活，不遺餘力，不管三七二十一，亡命竄鑽，飛奔進來的陽明山國家公園。

沒錯，我正要設法投靠傳說中的流浪獵狗——綠林俠士羅賓漢。

○　○　○

綠林邊緣，看來正被文明肆無忌憚地啃咬，疾速蠶食。文明，夜以繼日，正在侵蝕只要能夠抵達的每一個角落，見縫插針。不知道這片殘餘牘留的蠻荒綠林，究竟還能夠維持多久。外面，炊煙裊裊。報童早已挨家挨戶，在派送報紙了。

聽說，今天的頭條新聞是這麼寫的：

總統府公開駁斥黑臉說。
呂秀蓮昨天上午，聲稱陳水扁找她扮黑臉。
總統府，昨晚發布新聞稿，全然否認，並且明白表示：
總統職權，不容分割。

聽說，今天的社會新聞是這麼寫的：
外來種生物，盤踞陽明山，種類多達二十七種，棄犬五〇六隻，生態隱憂深。

又有人說，昨天早晨日報的臺北新聞是這麼報導的：
私設捕獸器，害流浪狗斷腳。
陽明山禁獵，查獲將重罰，可憐九隻小狗嗷嗷待哺。

還有人說，昨天夜間晚報的臺北新聞是這麼報導的：
流浪狗吊在樹上，流着血餓死凍死。
陽明山部分農民，以捕獸器及陷阱虐殺。
愛心人士發現，大吵一架，已向動檢所檢舉。

○○○

孰是孰非？新聞已經不重要！

即使還是沒有找到傳說中的流浪獵狗——綠林俠士羅賓漢，我也得要天天移動腳步，自力更生，必須堅強地活下去。

我只知道，我得要面對殘酷的事實，設法求存。

我只知道，我得要回到人類石器時代的日子，去過自己的原始生活。

我只知道，我得要靠自己的嗅覺，捕捉鼠雀蟲蛙，血淋淋，活生生，嚼咬吞嚥，果腹充飢。

我只知道，我還得要偷偷摸摸，接近農舍，偷雞摸狗，趁機盜獵雞鴨魚肉，打牙祭。

我，孑然一身，儼然一身綠林兮髒打扮。
我，已經成為一隻道地的綠林流浪狗。

流浪狗的問題，追根究底都得要怪人類，不是因為人類遷怒於狗，動則踢狗出門，怎麼會有這副長相的我。

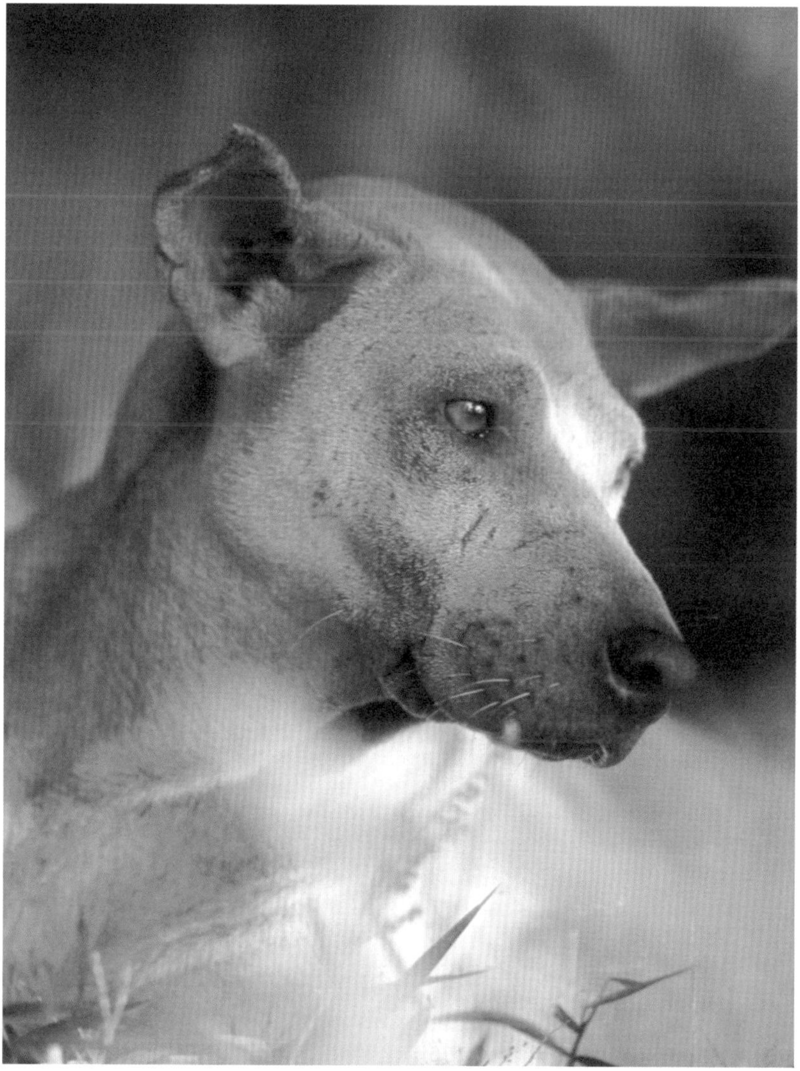

流浪的時間越長，狗的長相就變得越酷，人已經不能再由狗臉的表情洞窺狗的何去何從。

得微乎其微，看來不是這樣吧。

總會有人帶些賸飯賸菜來養活我們，是誰做的調查認為流浪狗生存機率低

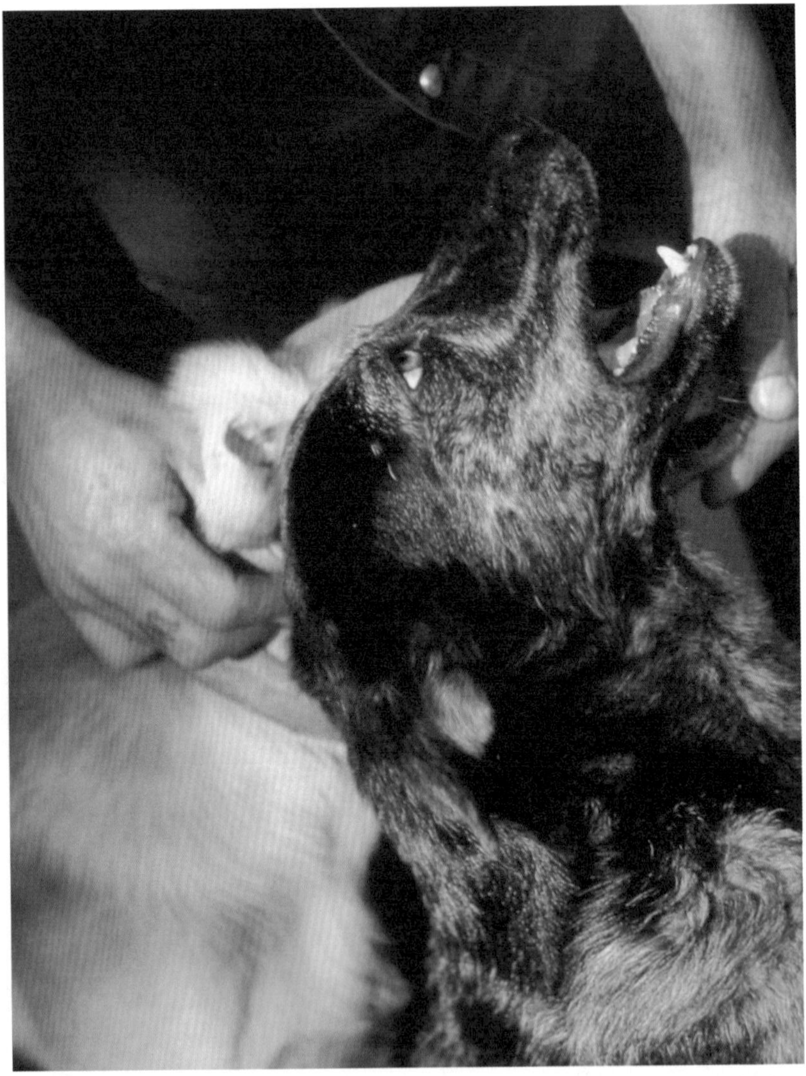

心情好的時候，還能出來和送飯的來人嬉戲一番，流浪的野狗神出鬼沒，行踪和情緒都讓人捉摸不定。

野狗有野狗生存的法則，食物的選擇不再挑三撿四，飲用的水源也因地而異，腸胃適應力很強。

流浪的野狗認為條條道路通羅馬，路是狗走出來的，即使無路可行，泅水也不失是個好辦法。

流浪狗都有生存之道，能觀顏閱色，能健步如飛，抓狗已經不能再用土法鍊鋼的方法了。

這樣的流浪狗，怎麼抓，誰敢抓，木棍、鐵線、繩索統統不靈光，麻醉槍成本高，難怪毒肉包又上陣了。

臺灣人講究行善，流浪狗的問題卻從來拿不定主意，只看表面，不顧實際，只懂得搖旗吶喊，批判政府。

有人振振有辭，流浪狗不應該殺害，應該結紮，試問用什麼方式捉狗結紮，狗機警程度非可以想像。

狗受孕四個月即可生產，這樣的畫面屢見不鮮，流浪狗大量增加，如不刻意控制，後果不堪設想。

狗日益壯大。

餵狗，殺狗，收養狗，丟棄狗，我行我素，就在指責叫罵聲浪當中，流浪

流浪真不是狗幹的事

寫於陽明山國家公園

○○○

路邊，點綴着樹叢和山蕨。

暮蟬，像早年鄉下打棉被的工人手裡彈棉的單調樂音，一昧平鋪直敘，鏗鏘有力，前呼後應，無處不在。

芒草，遍野皆是，一望無際，像蔗園，又似麥田，莫測高深，密不透風。

芒草底下，偶見洞口，裡面密道交織，天羅地網，昏暗曲折，撲朔迷離，卻又縱橫交錯，四通八達。九轉十八彎之後，最後可能就會到達彼此不得已而臨時結盟的流浪狗大本營。大本營，那是出生入死，齊心獵食，患難之交，流浪狗的深宅大院。

流浪狗，白天在陽明山國家公園深居簡出，一反常態，幾乎都變成夜行動物了。

○ ○ ○

流浪，真不是狗幹的事。

在陽明山，想要流浪，就得要忘記自己曾經是隻狗。

在這裡，就必須化身戴着狗臉面具的狐，還必須是披着狗皮的狼。無時無刻，隨時隨地，還得要機警躲避那些狐群狗黨，狐假虎威，狼心狗肺，狼狽為奸的捉狗隊。

一萬一千四百五十公頃的陽明山國家公園。我們在裡面無可奈何的無所不為。我們在裡面無可救藥地無事生非。

冷水坑，休憩區裡的野兔。

擎天崗，景觀區裡的野豬。

磺嘴山，生態區裡的水牛。

但凡公園範圍之內的野生動物，都會成為流浪狗飢寒交道，飢不擇食，攻擊獵食的特定對象。

在陽明山流浪，就得要心狠手辣，詭計多端，糾黨結派，適者生存。

流浪，真不是狗幹的事。

經年累月，穿梭芒草，匿跡銷聲。現在的我已經不是一隻普通的流浪狗。我早就成為道道地地，流浪綠林，掛着狗臉的狐，披着狗皮的狼。

○○○

老馬識途，老氣橫秋。

我，例行出沒陽明山公園大小角落，憑着一副不可一世，不苟言笑，不屈不撓的不屑表情，逢凶化吉，迂迴輾轉，從陽明公園北上小油坑休憩區，翻山越嶺，直取西天坪，然後曲折離奇，峰迴路轉，回過頭來到世外桃源龍鳳谷休憩區。

我，四處尋幽訪勝，順便沿途打探記憶猶新，那隻傳說中的流浪獵狗——綠林俠士羅賓漢。

○○○

石階是人工堆砌。

漫長的行人步徑，從山腰貫穿林木，闢切芒草，陡直縱走而下，直搗落石處處，熱氣騰騰，煙霧瀰漫的龍鳳谷。

龍鳳谷，這裡是一處神秘的硫磺谷。谷底炙熱，足以窒息，蠻野荒蕪，死氣沉沉，索然無味。

那邊，幾棵枯乾凋萎的小樹底下，分頭倒臥着五隻弱不經風、毛褪皮癩、奇形怪狀、身世不一，卻又宿命雷同的小型狗。五隻狗，只顧各自長吁短嘆，只顧各自埋怨自我，恨鐵不成鋼，淪為流浪狗。

走在步徑，登山健行的伯叔嬸姨，不約而同，大家都是這麼講的：

「只要被主人選擇在陽明山拋棄的狗，百分之七十，都會丟在龍鳳谷。」

據說，龍鳳谷是但凡由天母北投，欲朝往陽明山，觀景賞花的必經叉路，也是陽明山國家公園的分岔地。這裡是原野和文明的分水嶺。

龍鳳谷，現在更成為野狗與家狗，不同身份，命運有別的分界線。

○○○

石階確實是人為堆砌。

漫長的行人步徑，確實可以直赴谷底。穿越涼亭，左轉彎，沿蜿蜒山坡，拾階而上，即豁然開朗。柳暗花明，山泉滙集溪澗，波光蕩漾，泊泊奔流。鳥語花香，猶如仙境。步徑不再單調，佛像林立，廟宇比鄰，青煙裊裊，香火鼎盛。釣魚的，進香的，談天的，休息的，路過的，觀望的，步徑一片蓬勃生氣。

溪底，小白鷺筆直矗立，形同樹枝，引頸以待，小心翼翼，正在耐心地伺機而動，一心一意，想要捕食魚蝦。岸邊，偌大的人面蜘蛛，張牙舞爪，無處不在，各自編織着天羅地網，耐心等候隨時飛來的蚊蠅蛾蝶，無時無刻不在準備宴饗自己，大快朵頤。大家都樂不可支，忙得不可開交。

這頭，廟旁石灰地面的狗群；那頭，竹林泥巴地上的狗群，也都跟着忙碌起來了，彼此遵守遊戲規則，暫時鳴金收兵，互不侵犯，各自施展渾身解數，搖頭擺尾，親熱的聞這嗅那，用心迎接絡繹不絕的善心路人，時而低頭啃食伯叔嬸姨順手丟來的殘羹賸肴，肉渣碎骨，享受天上掉下來的每日大餐。

這裡的狗，對於麵包不屑一顧。

○
○
○

石階果真是人力堆砌的。

羊腸小徑，居然還是一條幽雅隱秘、鮮有人知的溫泉通道。石階末端，石像集結，標榜此地乃是世外桃源又一村，也是人來人往的最終集散地。

漫長的行人步徑，盡頭是男湯女池，搭蓋的公眾溫泉木屋，原來是一邊男賓止步，一邊是女賓卻步，洗盡人間罪惡的小天堂。

天南地北，無所不談的老頭，雲集地臺，全身赤裸，相向對立。東南西北，無所不論的老婦，袒胸露背，情同姐妹，坦誠相對。赤裸裸的肉身，無遮無掩，形同另類天體營。

泉源飛濺，洒注溪澗。老人愉悅地高唱山歌，再三禮讚美好人生。過去的罪錯疚孽，盡釋山泉洗滌中。

○○○

人群，認為眾生平等，在步徑欣然你來我往。

狗群，以為且求生存，在步徑兩旁，強顏歡笑，索吃乞食。

誰説狗不會思考？誰説狗沒有感覺？無視倫理？缺乏禮義廉恥？

在龍鳳谷裡，依本子辦事的狗，無不服從領導，級別分明，組織嚴密，謹慎行動。個個忍氣吞聲，忍辱偷生。

與眾不同，這裡的狗全都成為道道地地的綠林流浪狗。

〇〇〇

牠是一隻中等體型的獵狗。

獵狗，一身花白短毛，鼻頭烏黑，雙耳微垂，眼睛炯炯有神。牠趴坐石階步徑一旁的那座高聳矗立的丘岩上面，冷漠鳥瞰，朝下環視，即使人來人往，牠也向來不聞不問。中型獵狗，氣宇軒昂，不動聲色，像胸有成竹。龍鳳谷裡的流浪狗，無不尊稱牠叫做——羅賓漢。倒是那隻被叫做小約翰的狗，如影隨形，身形略高，毛色金黃，眉清目秀，胸前飾以白毛，牠是帶有些許牧羊犬血統的黃狗。小約翰急躁着來回出現岩端，狀似研判形勢，前進後退，又像是在隨時準備戰鬥，處變不驚。

丘岩一邊，塑立着一尊色澤鮮艷、魁偉高大的如來佛。

幾隻立誓追隨綠林俠士的流浪狗，圍繞着佛像，或蹲或坐，齊齊凝眺前方。流浪狗裡，有名叫塔克修士的，有直呼威爾史考烈特的，有暱稱馬琪的，相貌異凡的狗，如出一轍，盯着路面，看着途人，甚至百無聊賴，監視着任何陌生面孔的流浪狗，哪怕只是一舉一動。

○　○　○

顯然，這是一座要塞。

要塞形如天然屏障。進可攻，退可守。駐防丘岩，進可俯衝直下，進據橋頭，控制橫跨溪澗的惟一石橋——竹林橋；退可沿丘岩後坡而下，越過濕地，匿藏溪谷，瞬間湮沒於荒煙蔓草間；還可以迅速竄進芒草，取捷徑，登山腰，越過柏油馬路，取道湖底路，長驅直入，進入流浪狗第二根據地——陽明公園，再北上冷水坑，左轉小油坑，遠走高飛。

橫跨溪澗的竹林橋，還是遠近流浪狗飲水止渴，惟一下河的秘密路徑。惟有在竹林橋下河喝水，才是最安全，可作全身而退之處。

○○○

我本能追隨人群，踏上步徑，疾行而下，穿越涼亭，左轉彎，已經來到聞名已久、卻又是初次造訪的流浪狗世外桃源——龍鳳谷。

身置龍鳳谷，歡天喜地，一面瀏覽路旁林立塑像，孫悟空、關雲長、彌勒佛、土地公，都在笑臉迎人，不斷揮手，表示歡迎我；一面啃着不知道是哪一位阿婆隨手丟給我的豬骨頭。且歇且避，邊走邊看，不知不覺，已經來到眾狗周知的竹林橋。

「站住。」

「——」

「口令！」

「——」

「不許動！」

「——」

如來佛旁邊的牛頭㹴和柴犬，高高在上，囂張叫陣，首先發難。

憑着一副不可一世，不苟言笑，不屈不撓的不屑表情，我壓根就沒想到，要把叫吠不止的流浪狗放在眼裡。

「石階又不是你家堆砌的，老娘走路，關你屁事。」

我擺出一副人不犯我、我不犯人的鐵青臭臉，盡量抑遏不快情緒，決心過橋。

這邊，有五隻站在一旁，早就想要過橋，而又被勒令止步的小型狗，見機不可失，不約而同，流露一副仰慕的眼神看着我，一面緊緊跟隨我，準備隨行過橋。我回頭和五隻小型狗使了一個眼色：團結就是力量。戰事可能一觸即發。

「居然敢在太歲頭上動土！」

「可惡！」

「好好教訓牠！」

「活得不耐煩了！」

丘岩上，眾狗惱羞成怒，嚷嚷成團。

說時遲，那時快。狗群像揮着刀劍的騎兵，全都躍過如來佛，一窩蜂衝刺下來。沙塵滾滾。殺聲震天。

我也不是省油的燈，站穩馬步，呲牙咧嘴，就和迎面而至的柴犬，聲嘶力竭，撕咬起來。

十幾隻狗，就在橋頭，立馬陷入混戰。大打出手。殺聲震天。敵我難分。場面失控。途人爭相走避。

○○○

「住手！」

一旁，趴坐矗立丘岩上面，紋風不動的流浪獵狗站起來了。牠走上岩端，大聲呼喝。

一聲令下，像着了魔法。打鬥即時停止，眾狗退讓路邊。

「對女仕休得無理！」獵狗一躍而下，就落在我的跟前：「小姐，看妳風塵僕僕，風餐露宿，卻又風流倜儻，一身中性打扮。請原諒眾兄弟走了眼，還以為是前來挑釁的黑幫份子。」

「羅賓漢，你說牠是女生？糟糕！」

小約翰急得面紅耳赤。

塔克修士，威爾史考烈特，馬琪，以及所有的狗，都目瞪口呆。小約吐出的一句話，讓全場咋舌。

「算了！不打不相識。」我怒氣未消：「走！」

率領五隻同心協力奮戰退敵的小型狗，步上石橋，我已經瀟洒離去。丘岩下來的眾狗，面面相覷，個個不知所措。

「貴姓芳名？」羅賓漢在橋的那頭，拉長嗓門，大聲問道。

「瑪麗安。」我沒好氣的回應敷衍。

○　○　○

五隻小型狗，後來都成了我的跟班，同進共退，形如隨身護衛。一直到我不知道為什麼和怎麼樣，居然變成羅賓漢的糟糠之妻瑪麗安。依然如故，五隻小型狗，前呼後擁。

始終都是我最親密的伙伴，一直是我忠肝義胆的私人貼身保鑣。

我終於找到傳說中的流浪獵狗——綠林俠士羅賓漢。我道地成為一隻綠林流浪狗——羅賓漢的糟糠之妻瑪麗安。

〇〇〇

被丟棄的狗，有增無減。

吉娃娃，大麥町，史畢諾，狐狸狗，踪影遍布龍鳳谷。

流浪狗，勢力日漸茁壯。廟旁的石灰地，竹林的泥巴地，涼亭的紅磚地，天體浴池外面的大片空地，甚至整條石階步徑旁邊的樹叢草堆，統統變成衛星城市，住滿流浪狗。

我決定蹲臥竹林橋，猶如龍蟠虎踞的丘岩上，寸步不離。畢竟，龍鳳谷裡裡外外，已經狗滿為患。由早至晚，喧鬧鼓噪的狗吠，始終會招引殺身之禍。

○○○

飛來橫禍。

風聲鶴唳。

狗吠，終於驚動遠在山頭那邊，陽明山國家公園保育研究課。

十月天，秋高氣爽。正當所有的流浪狗，都以為龍鳳谷是一片能夠過着與世無爭，悠哉遊哉，彷佛世外桃源生活的十月天。捉狗隊，浩浩蕩蕩進來了。竹竿、繩套、木棍後面，跟來的是臺北市政府環保局的人，士林北投前來支援的人，陽明山國家公園警察局的人，陽明山國家公園保育研究課的人。

七拼八湊的捉狗隊，就像是雨果修道院的院長，郡長，依山巴特，蓋吉斯朋，赫伯特，還有那個無惡不做的羅格，天天就在龍鳳谷裡，肆無忌憚，橫行霸道。廟宇，竹林，涼亭，浴池，石階，樹叢，草堆，溪流。捕的捕，捉的捉。除了這片龍蟠虎踞的丘岩地。

龍鳳谷，遍地哀嚎，滿地呻吟，噩耗連連，呼天搶地。一百多隻流浪狗，捕捉殆盡。苟全的狗，躲的躲，逃的逃。龍鳳谷裡的流浪狗，全做鳥獸散。最後，即使我們這群霸占丘岩的綠林好漢，也都銷聲匿跡，竄進芒草，取捷徑，登山腰，越過馬路，呼嘯而去。

○○○

躲躲藏藏，走走停停。

我憶及那年那月那日的那一個下午。

我亡命竄鑽，逃進陽明山國家公園。不錯，那個時候，我是準備設法投靠傳說中的流浪獵狗——綠林俠士羅賓漢。

回過頭，看看身邊威風凜凜不減當年的老伴，我露出會心的微笑。

我知道，我們還是得要面對殘酷的事實，設法求存。

我知道，我們還是得要回到人類石器時代的日子，去過自己的原始生活。

我知道。我們還是得要靠自己的嗅覺，捕捉鼠雀蟲蛙，血淋淋，活生生，嚼咬吞嚥，果腹充飢。

我知道。我們還是得要偷偷摸摸，逼近農舍，偷雞摸狗，趁機盜獵雞鴨魚肉，打牙祭。

所幸，我終於找到傳說中的流浪獵狗——綠林俠士羅賓漢。我已經成為羅賓漢的糟糠之妻瑪麗安。

小約翰站在旁邊，點頭稱是。

眾狗同時搖起尾巴，表示附意。

走！讓我們繼續道道地地，去做一群綠林流浪狗。一萬一千四百五十公頃的陽明山國家公園，這裡有的是地方讓我們流浪。

○○○

今天報紙的臺北都會版新聞，正是這麼報導的：

陽明山流浪狗捉不勝捉。

環保局建議國家公園動用麻醉槍，將野狗一網打盡。

○○○

那頭，山腰底下，龍鳳谷裡的谷底，如雨後春筍，狗滿為患。

一波一波的人潮，爭先恐後，還是繼續要到龍鳳谷，要來丟棄自己心中生厭的那隻已經不想再要的寵物狗。

善心的路人，依然如故，順手丟棄殘羹膹肴和肉渣碎骨。

流浪狗，在一旁吃得津津有味，卻已經變成另外一批新面孔。

神采奕奕，流浪獵狗處變不驚，穩如泰山，難怪成為陽明山綠林好漢的領袖。

依山傍水，地勢險峻，在這塊地方流浪倒也生活清閒，只需要守緊關口，即可悠哉遊哉。

又有什麼動靜，且先駐足觀望再做定奪，驚慌只能誤事，鎮定方為上策。

流浪狗的眼裡，人類就是天敵，同類就是競爭者，物競天擇，狗無不小心行事，按本子辦事。

聽說現在抓狗的人都抓狂了，業績壓力大到要用毒包子下手，真是無毒不丈夫。

君臨天下，居高臨下，哪怕流浪也得要勝算在握，進可攻，退可守，狗心有成竹。

輪流站崗放哨，保家衛國成為流浪狗心目中的神聖使命，個個義不容辭。

獅子狗嗎，這隻狗亦難逃大劫，被主人一腳踢出門外，流浪街頭，離鄉背井，遠走他方，糊塗度日。

這究竟是什麼狗，流浪街頭，兩眼無神，吃無定食，居無定所，健康每況愈下。

別看我小小年紀，已經分清敵我，能担當大小防禦重任，我就是典型中國大陸小小紅衛兵，能人所不能。

像這樣庸俗的狗臉，滿街都是，淪為流浪狗乃理所當然，又有什麼人會同情，狗命中注定。

驍勇善戰，身經百戰，流浪卻磨滅我的鬥志，洗盡我的尊嚴，我竟日恐慌，不知所措。

全身掛彩，毛色暗淡，卻得要精神抖擻，耳聽四方，眼觀八方，我決心為生存而奮鬥。

坐立不安，渾身不對勁，跳蚤咬得我失魂落魄，我如果是隻家犬，就不會狼狽到這個地步了。

趁機晒晒太陽，順便施展渾身解數，驅蝨趕蚤，身上的寄生蟲成為流浪狗必須專心對付的另類敵害。

樹叢成為流浪狗東藏西躲的天然蔽體，遇見來歷不明的人，狗立即四散隱匿，遁跡銷聲。

芒草堆雷同戰壕，四通八達，防雨避寒，野狗穿梭進出，習以為常，這就是流浪生涯。

有人説流浪狗生存機率低，真實不然，餵食的民眾多到連狗也挑食，個個養尊處優。

橫鼻子豎眼睛，互聞體味，識別身分，鑑定地位，戰爭或和平就在一念之間。

頭目要有頭目的長相

寫於淡水第七公墓

〇〇〇

街口，永和豆漿店的門是開的。

一扇一扇的鐵皮，被擡到旁邊，堆放成落。天花板，吊着的燈泡，會合棟樑上面掛着的日光燈，彼此在油膩的牆壁折射又反射，光線凌亂。一邊擀麵、一邊炸着油條的王胖子，身影被來回投射的燈光，照得歪七扭八，不由自主。旁邊，小籠包，疊得像座山，熱騰騰。豆漿，顯然方才滾燙，冒着煙。爐底，升起熊熊烈火，紅通通。門外，烏漆一片，黑洞洞。就連正值夜班的計程車司機，也懶得上路。路面，杳無人影。路燈，孤零零，垂頭喪氣，形同奄奄一息。

天邊曙光微現，閃爍着一層一層的紅藍彩帶。收音機，響起報時訊號，打斷正在傳送的美妙音樂。

不知名的播音員開腔了：

「中原標準時間，五點正。」

〇〇〇

清晨五點鐘。

五點鐘，正是我每天晚出早歸，必然經過永和豆漿店，左轉巷道，一心要回去光復新村二百六十四弄二十號公寓，樓梯底下，鑽進那張兮髒的蘋果箱裡面，準備睡大覺的時候。

每天，我都得要面對王胖子顫抖的身影，被迫聞着乏味的豆漿和窒鼻的油條氣息，走避不及。即使蒸籠裡的肉包陣香，也引不起我絲毫食慾。我簡直就對永和豆漿店不屑一顧。王胖子的手藝，沒有一樣合乎我的胃口。

真不知道，王胖子為什麼就得要天天摸黑起床，做這弄那。也不知道，究竟都是一些什麼樣子的人，才會天天來吃這種食之無味的每日第一餐。

那，肯定不是我。

○○○

我撐着漲得圓滾的肚皮，拖着闌珊的步伐，踩着王胖子的身影，聞着乏味的豆漿和窒鼻的油條氣息，忍不住打起嗝來。

整夜，率領五六個兄弟，肆出搜尋，為的就是色香味。排骨大王，客人吃賸倒掉的排骨；牛肉麵店，吃賸倒掉的牛肉；海產店，吃賸倒掉的魚蝦；夜市，杯盤狼藉，散落滿地的酒菜，這些都是我們挑三撿四，大吃大喝，出擊獵食的對象。真可以用不醉無歸，來形容我們的色香味每天第一餐。偶爾，大家還會聲色犬馬，賓主盡歡，不亦樂乎。

真的是不醉無歸，也真的是有家歸不得。浩浩蕩蕩，狀似狼狽為奸，我們卻沒有一個知道自己究竟是從什麼時候，是為什麼原因，是來自什麼地方，沒頭沒腦，都被一一甩出家門。我們只知道，彼此來自四面八方，成為志同道合的流浪狗，我們只知道，每天集合，晚出早歸，不醉無歸，倒也是有家歸不得。

○○○

五六個兄弟，緊隨着我，步入巷道，準備四散光復新村各個不同的陰暗角落。就像是剛吸完血的吸血僵屍，即將入棺就寢，靜待下一回合的黑夜蒞臨。

那邊，一隻土生土長的貓咪，正在揮舞利爪，用心撕扯，正在啃咬馬英九市長才作的嚴格規定——那是由七月一日起，必須統一使用，放在路邊的一包裹得緊繃的藍色垃圾袋。

經不起利爪銳牙，垃圾袋瞬間截破，只看見洞口露出一節搖着尾巴的貓屁股。

○○○

頭目，就得要有頭目的尊容。或者是粗眉大眼，滿臉橫肉；也可能是眉清目秀，白臉書生。只要能服眾，就是頭目相。

兄弟們都說我有頭目相。

說我的頭，像阿輝。

說我的耳。如阿飛。

說我的身，似阿九。

說我的腳，若阿扁。

說我的尾，形同阿戰。

說我的顏色。彷彿阿瑜。

說我的氣質，雷同二樓那家，養了起碼七八年，名叫阿哲的彪悍狼狗。

經過不知道為什麼、怎麼會，也就五拼六湊的烏合之眾，全民投票，一致通過，公推我做頭目，尊稱我叫神父。

神父，成為我的尊號。因為，自始至終，我的樣子就是四不像，如同鹿亞科、四不像鹿屬，如假包換，俗稱大衛神父鹿的四不像鹿。稀有、罕見、奇特、怪異，尊號由此得來。

儘管我時而沒勁，無趣，No Fun，No Mood，我還是得要擺出一副趾高氣昂的德性。我畢竟是一個頭目，頭目就要有頭目的尊容和威嚴。

○○○

十全十美的頭目相。一傳十，十傳百。家喻戶曉，街知巷聞。神父尊號不脛而走。

我四面連理，八方結義，侍衛貼身，隨從呼擁。

北朝國父紀念館，通向忠孝東路；南穿臺大校園，前往羅斯福路；西貫通化夜市，抵達敦化南路；東經臺北市政府，轉至吳興街口。足跡遍布。腳毛滿地。尿痕糞坨，無處不在。口沫牙印，隨處可尋。

我率領兄弟，晚出早歸，食色性也。日日為食而攻。刻刻為名而擊。每每為利而戰。常常為色而鬥。經年累月，氣焰高張，已經不可一世。

○○○

記不得清晨五點整，到底經過多少次永和豆漿店；也毫無印象，倒頭就睡被人丟棄的蘋果箱，究竟換過多少個；倒是後來有人對着我指指點點，品頭論足，卻着實讓我印象深刻。

說我的頭，大得像獅子狗。
說我的耳，豎直像老虎狗。
說我的身，瘦長像土狗。
說我的腳，短小像狐狸狗。

說我的尾，高舉像獵狗。

說我的祖宗八代，已經淪為流浪狗。

那卻是在我被臺北市環保局捉狗隊，抓進吳與街臺北市動物衛生檢驗所之後的事情了。

○○○

那確確實實是一次真真正正的集體毆鬥。

我們終於決定，必須重新釐訂吳興街口以東的地盤領域。我們碰上來自新店深坑方向，自視甚高，目中無人，外縣市入侵者。這卻是一次錯誤的決定。即使身經百戰，十拿九穩，必可將外來的流浪狗殺個片甲不留，這卻是一次足以致命的錯誤決定。

這一天，將帥雲集，雙方狗馬叫陣罵戰，展示實力，彷彿鑼鼓喧天，旌旗遍野。繼而衝鋒陷陣，糾纏惡鬥，沙塵滾滾，天昏地暗。首先，雙方旗鼓相當。後來，眼見我方勝利在握，入侵者節節敗退，結局即將分曉。然而，捉狗隊員已經接獲線報，悄然掩至，弓身彎腰，抄包圍剿，殺氣凝重，面目可憎。鐵線，繩索，網罩，布套，木棍，竹竿，霎時齊齊揮揚。金光閃閃，響聲咻咻。風聲鶴唳，四面楚歌。措手不及，走投無路。我們全都成了籠中鱉。

尊號神父，常年遊走江湖，聲名顯赫，風光一時的我，一下子，就被打着活結的鐵線，牢牢鎖住脖子。我賣力的拽，掙扎卻令鐵線越扯越緊。兩眼發黑，舌頭外吐，全身瘀紫，我不得不束手就擒。

現在追憶起來，那真是死而復生。那確確實實是一次真真正正、轟轟烈烈的慘烈戰鬥。那確確實實是一次狗與狗，世世代代，恩恩怨怨的決鬥。但是，直到現在，我還是想不通，後來究竟為什麼又會演變成為狗和人的生死決戰。

我就是這樣，不明不白，被臺北市環保局捉狗隊，抓進吳興街臺北市動物衛生檢驗所，從此惟有聽天由命了。不知道混戰的兄弟，都有些什麼下場。臭氣沖天，我只曉得自己是被分隔在一個特製的鐵籠裡。

○○○

臺北市動物衛生檢驗所，不成文的成文規定：七天之內，無人認領的流浪狗，立即執行死刑，授與人道毀滅。

關進鐵籠，惟一聽見，就只有這則新聞。消息是從隔壁鐵籠裡面，一隻自稱是由陽明山上被抓下來的流浪狗，親口道來的。

我無端哀傷，這是我第一次懂得為自己哀傷。我嘗試集中意志，努力追憶童年，絞盡腦汁欲思親。但是，我卻從來沒有見過自己的爸媽。我只記得，自己從小，就是孩子王。我還記得，很久以前，就被兄弟尊稱為神父。

○○○

我驀地莫名恐懼。

身置臺北市動物衛生檢驗所的鐵籠裡面，我看不見陽光和月色，更分不清白晝或黑夜。我開始懷念晚出早歸，色香味俱全的每日第一餐。我甚至連街口永和豆漿店王胖子的身影，都覺得份外親切起來。

我討厭整天對着像是被審問似的死白日光燈。我更憎厭每餐都得要吃，那種不知所謂，人工調料，毫無口感的狗乾糧。我甚至一時連王胖子攪和的豆漿和炸脆了的油條，也都覺得格外色香味俱全起來。

沒有陽光和月色，我僅能憑着餵狗糧的工人出現鐵籠附近的次數，估計自己還能夠活個多少天。

我恍惚看見數之不盡的孤魂野鬼，在房間裡前進後退，來回打轉，高呼冤枉。像是渾身沾滿罪惡的壞人，我無緣無故懺悔起來，我後悔自己不應該當隻流浪狗，我莫名其妙認定自己罪該萬死。

○○○

七天無人認領的流浪狗，立即執行死刑，授與人道毀滅。

這是一道理應是假傳聖旨的金牌，卻深深影響我的思路和判斷。

儘管死裡逃生過一次，這次應該不會那麼幸運，我不可能再從死神指掌隙縫逃出第二次。

這回，我肯定是死定了。我無助、無望、無奈、無事地，在鐵籠裡面懺悔、再懺悔。我斷定自己罪有應得。我確認自己確實是罪該萬死。

既沒有檢察官，又沒有法官，甚至沒有律師，更沒有証人，而且還沒有陪審團，同時也沒有原告。但是，只要是被抓來，只要是被關進臺北市動物衛生檢驗所的流浪狗，無不成為不須審判、無須宣判的必然死囚。

從來就不知道怕字是怎麼寫，我現在真的是怕得要死。我決定要找神父告解。

我要彌補上回犯的足以致命的錯誤決定。

我要告訴神父：

「我不要叫做神父。」

「我也不要當頭目。」

「我更不要做流浪狗。」

○○○

這一天終於來臨。

我蜷臥鐵籠一角，不飲不食，臉色蒼白，毛色暗淡。

我只能聽見自己不規律的疾速心跳。我只能感覺到自己頻調極高，令人坐立不安，非常不悅的耳鳴。我屈指一算，那個毫無表情、絕對缺乏同情心、還會按時領取薪水的餵狗工人，已經出現過六天了。今天，應該是我被關進臺北市動物衛生檢驗所的第七天，也是最後一天。理應是我必須接受極刑，面對死亡的同一天。我想起前天被拉出去處決，那隻自稱由陽明山上被抓下來的流浪狗；我想起那種臨別的絕望眼神，我黯然神傷，我倏然落淚。

時間一秒一秒地過着。我把握每一下呼吸，嘗試深深體驗依然在世的感覺。門外終於有了騷動。先是交頭接耳，然後是喃喃細語。最後，隨着腳步聲，同時傳來粗糙對話。進來的全是陌生面孔，幾個人比手畫腳，指指這邊的鐵籠，又回過頭去點點那邊的鐵籠，像菜市場買雞的主婦，眼睛猶如探射燈一般，貪婪地搜索來，又搜索去。我，就像雞一樣，一陣慌亂，已經被揪出鐵籠，四肢發軟，不聽使喚，簡直就是被拖拽出去的，還遺了一地屎尿，真的就是屁滾尿流。這回，我是死定了。我決定唸經求佛，好來彌補我上回犯的後悔莫及、足以致命、滔天大錯的錯誤決定。

屋內，鐵籠裡的狗，瘋狂嚎叫；鐵籠裡被拖往屋外的狗，歇斯底里在哀鳴。狗不是在相互道別。狗是在表現垂死的怨恨和哀怒。

拉拉扯扯，跌跌撞撞，我被拽出屋外，又被重重地丟進汽車，無力癱瘓在車斗一角。耳朵傳來的聲浪盡是狗吠，根本分不清楚哪一隻在嚎叫，哪一隻在哀鳴。分辨和分析，對我來說，已經毫無意義可言。我蜷縮在一角，告解唸經，祈求自己死後快快升上天堂，疾疾飛向極樂世界，又或者轉世投胎做人也不錯。做人，也一定要做一個既不養狗、也不丟狗，有責任、又有愛心的大好人。耶穌天父，南無阿彌陀佛，千萬不要投胎又變成了流浪狗。

我甚至懊悔過去的食色性也，聲色犬馬，晚出早歸，吃香喝辣。那種頭目的生活，那可都是罪惡呀，那是會有報應的啊。

○○○

引擎發動了。擠滿一車的浪流狗出動了。誰也不知道，自己究竟會被帶往什麼地方，距離又有多遠。一切已經不再重要了。就如俎上肉，任人宰割，沒有自由，無從選擇，早就體無完膚，早就喪失原本應有的動物權。

車，一路搖晃，起步，剎車，走走停停。密封的車斗，完全看不見外界丁點風情。昏暗的車斗，就是我視野的外界。我只能胡猜亂測，這裡應該還是在交通壅塞的早晨大臺北吧。

車，一再搖擺，左轉右彎，前仰後翻，東倒西歪，昏昏欲睡，我竟然進入夢鄉。

虛脫導致的昏睡，截然不同於香甜的睡眠。昏睡，那是一堆任由倒臥、毫無知覺的肉體，靈魂老早脫了竅。沒有意識，沒有冥想，沒有畫面，沒有夢境。就像是一群被趕尸疾行，速速經過所謂夢鄉的行尸走肉。猶如地獄，經過鬼門關，看見牛頭馬面，強行趕你步上黃泉路，經過奈何橋，跨越忘川河，來到望鄉臺，回頭望一眼三生石，再行至孟婆亭，不得不又喝上一碗孟婆湯。我，陷入選擇性失憶，已經好一陣子了。

○○○

一波又一波，從來沒有體驗過的聲浪，像喪鐘似地正在敲醒我。

脫竅的靈魂，重新鑽進自己的肉體。我逐漸恢復知覺。我隱約聽見震憾得心悸的嚷嚷狗吠。那是排山倒海而來，令人毛骨悚然的嚎叫和嘶吼。那是如同二二八大遊行式的十萬人沸騰抗議。那是六四絕食抗爭式的百萬人發洩不滿。

出自一千八百隻流浪狗，申冤訴枉，憤憤不平的聲浪，那會是駭人的音爆，那根本就是足以影響臺北市政府、以及馬英九市長執政滿意度的探底音量。

我由聲浪獲得最新的訊息。雷同怒海狂濤裡的艦艇，正在發出長短燈號，互相聯繫。我獲知自己來到全世界最大的流浪狗收容中心。我獲知這裡是中華民國保護動物協會屬下的流浪動物之家。

我似曾聽說過流浪動物之家，那是當時決定要拓展吳興街口以東勢力範圍的時候，由加入的新兄弟阿良口中描述的。阿良就是從流浪動物之家逃出來，千里迢迢，來到光復新村附近，偶爾被我們尋獲的獨行客。

阿良說：流浪動物之家，那裡有一千七百多隻被好心收容的流浪狗。

○○○

一波一波，狗吠彷彿長江後浪推前浪，猶如澎湃洶湧，簡直震耳欲聾，猛然壓境而至。

簡直不相信自己的耳朵，車卻在斜坡緩緩停止。腳步聲夾雜着打開車斗後門金屬鐵環撞擊產生的鏗鏘聲。陽光像萬矢齊放、似鑽石光芒地耀眼奪目、猛然一股腦地竄射進來。我又聞到熟悉得不能再熟悉的薰騷狗臭。

狗吠，似鑼鼓，如號角，方向不一，雷聲隆隆。我忍不住感動抽搐，淚流滿面。我知道自己再次死裡逃生。我慶幸上天聆聽萬物疾苦，不分賤貴。

原來，流浪狗也會蒙受恩寵。

○○○

「神父。」
「是神父。」
「神父來了。」
「哇！神父真的來了。」

當年合合離離，不知道什麼原因失散的兄弟，居然也有不少被收養在流浪動物之家。

頭目出現，無形就是新希望。當我下車一刻，路邊就有兄弟即時認出我是誰。

獅子狗的頭。
老虎狗的耳。
土狗的軀幹。
狐狸狗的腿。
永遠豎起來，象徵不敗軍旗，那條獵狗的尾巴。

即使是流離失散已久的兄弟，也能一眼認出我是誰。

○○○

一千二百坪地方，不但要容納一千八百隻流浪狗，還要收養一些流浪貓，不可思議，那真是得要用些心思，才有可能做得到。流浪動物之家，用心良苦，在有限的範圍，搭蓋大概七十間狗宿舍，鐵皮屋頂，鐵絲網圍牆，活像六十年代的臺灣克難新村，比鄰而居，並肩而睡。窄巷狹弄，曲折奇離，九轉十八彎，而且只容一人側身而過，又活像臺灣彰化縣鹿港鎮菜園里菜園路三十八號與四十號之間的摸乳巷。不錯，那些被收容在狗宿舍裡的流浪狗，也得要摩肩接踵，彼此要相敬如賓才可以生活融洽。否則，你嚷我吼，遲早狗咬狗一嘴毛；你撕我咬，自相殘殺，形如世界末日。

○○○

我被安排在六十三號狗宿舍。

六十三號，那是在較深入的地方，必須通過一條一條，曲折奇離的窄巷狹弄，方能抵達。當天，我雖然是被鎖鍊緊套，被人牽着走；早期的兄弟還是隔着鐵絲網，夾道歡迎，爭相嚷嚷。一傳十，十傳百。不是兄弟的兄弟，也都列隊致敬。一時狗尾齊搖，就像當年非洲黑人友邦元首訪華，那些站在松山機場、敦化北路、南京東路、中山北路兩側，連課都不必上，例假一日，志在遵行總統命令，搖旗吶喊，歡迎、歡送，卻又不知道歡迎歡送的究竟是孰還是孰，場面的確很熱鬧。

這一天，流浪動物之家，普天同慶，歡迎頭目來到，畢竟就是一個偉大的日子。一千八百隻流浪狗，嘯喊呼吼，喧嚷喝叫。人，可能分辨不清喧天價響的聲浪會有什麼意義。對狗而言，這一天就像是電影桂河大橋百看不厭的劇情一樣，彷彿囚犯夾道歡呼大衛·尼文，那可是一件天大的壯舉，真的是一件最後連日本軍也不得不寡目相看，後來還不得不平等禮遇囚犯的前奏曲。

○○○

我一路點頭致意。我終於來到六十三號宿舍。

宿舍裡的老鳥，都識趣地靠邊站，噓寒問暖，侍候周到。

我又回到名叫神父的光彩年華，在流浪動物之家倍受尊敬。除了不能晚出早歸，享受色香味俱全的每日第一餐，已經應有盡有。我再次被落實成為精神頭目，成為飯來張口，無所事事；每天只需要使使眼色，即萬事俱靈的新希望頭目。

○○○

百無聊賴。

每十坪狗宿舍，住着二十幾隻流浪狗。在流浪動物之家，越來越覺得枯燥無味。既不能出門蹓躂，也不得探訪左鄰右舍。每天，彼此都隔着鐵絲網，汪汪嚷嚷，夜以繼日，從不間斷。但凡任何小道消息，統統都在依賴汪汪嚷嚷，通風報信：

例如，竟然以前隔壁二樓養的一隻名叫阿哲的狼狗，也被收容在這裡。

例如，有幾隻被人養來專門生育，當做搖錢樹的名種母狗，最後被丟棄馬路邊。

例如，一窩嗷嗷待哺的小狗，清晨被人丟在門口外面，被經過的汽車全都輾死了。

例如，好幾隻被載到附近拋棄的名狗，居然老早被切除聲帶，連叫都不准叫。

例如，今天在幾號狗宿舍，又病死了哪幾隻室友。

例如，今天又輪到哪幾位兄弟，在流浪動物之家慘遭所謂的人道閹割。

例如，阿哲因為英俊高大，威武雄壯，又被人領養，已經帶走了。

我開始對只能動口而不能動手動腳，那確實比半身不遂還要無意義的無奈生活，感覺煩厭。

我開始懷念晚出早歸，色香味俱全的每日第一餐。

我開始懷念屢睡不厭，晚晚在樓梯底下翻來覆去的蘋果箱。

我甚至還會懷念那個不知道為什麼每天都得要煮豆漿、炸油條，還要和自己扭曲身影形影不離的豆漿店老王。

對！那才叫做生活。有自由，有要求。那才叫做有品質的生活條件。可不是！

環顧四周。臭氣薰天，聒噪叫鬧。無計可施，動彈不得。流浪動物之家，毫無基本的生活品質可言。

這樣的頭目，當起來都讓人覺得洩氣。

○○○

狗就是這樣，從來不滿足。

蠢蠢欲動。我開始運用腦力，拼凑思路。我怎麼樣也得要想辦法，離開這個沒有生活品質，緊挨淡水第七公墓，流浪動物之家這塊鬼地方。雖然是因為中華民國保護動物協會的努力，我才能死裡逃生，但是舉目這塊沒有生活品質，而且生活毫無意義可言的流浪動物之家。我再也待不下去。何況，我不能辜負眾兄弟的期望，我要做一個果真能夠帶來嶄新希望的頭目。

我立志要飛越瘋狗院，回到光復新村。回去睡我的蘋果箱。回去吃我的色香味每日第一餐。回去過我以前那種有品質的自由生活。

我要重振雄威。我要重振自己應有的江湖地位。

○○○

就是這樣，我向眾兄弟，嚷嚷訊息。

就是這樣，我和眾兄弟，假裝病入膏肓。

就是這樣，我同眾兄弟，被逐一移出狗宿舍。

就是這樣，我與眾兄弟，逮到機會，奪門而出，拔腳就跑。

就是這樣，我們就像是當年的阿良，千里迢迢，回到生活品質總算還過得去的光復新村了。

流浪狗雜交混種，長相各異，奇形怪狀，其貌不揚，心理不健全，自暴自棄，挺而走險，危害社會比比皆是。

這樣子笑臉相向，逗人憐愛，還是會遭人遺棄，流浪街頭，隨時隨地可能惹來殺身之禍。

車底鑽。

駝鳥政策，明知來人清清楚楚看見自己鑽進車底，還是堅持要一股腦的往

躲在樹下偷偷窺望，小狗長得俊俏，卻說不上牠是什麼狗，這就是流浪狗相互雜交，代代相傳的結果。

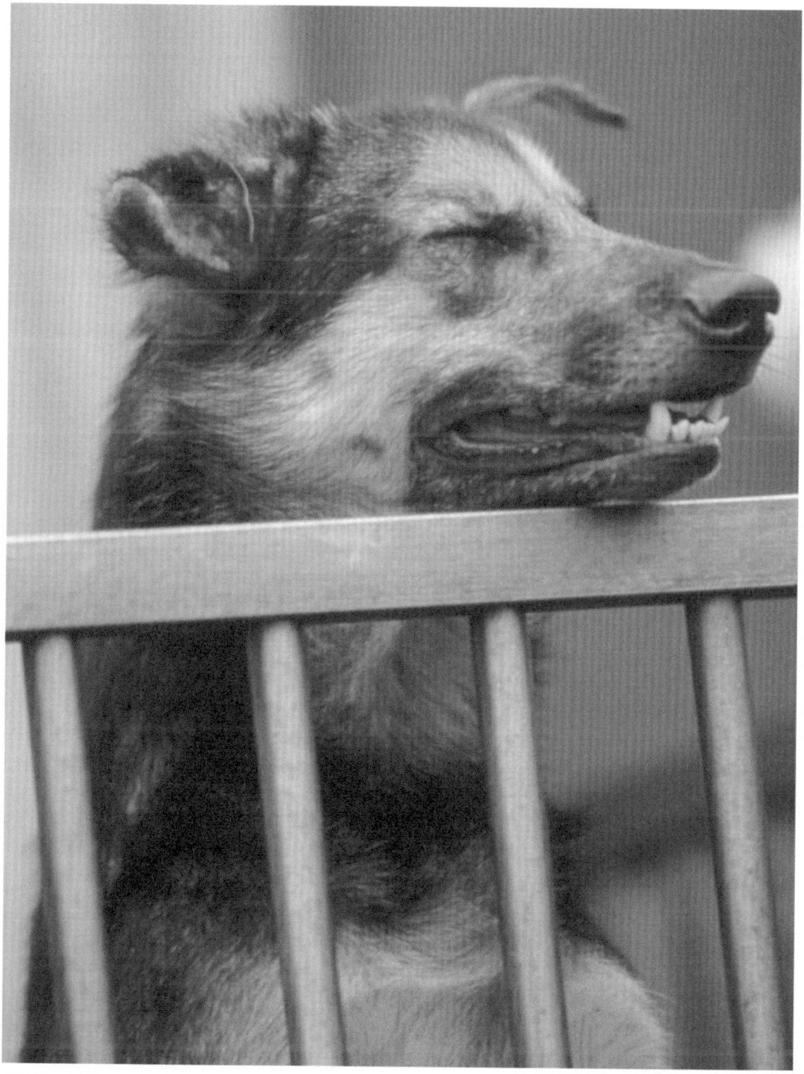

可憐可憐我，求求你救救我，請帶我出去，我實在沒有辦法再待在這種根本沒有生活品質的收容中心。

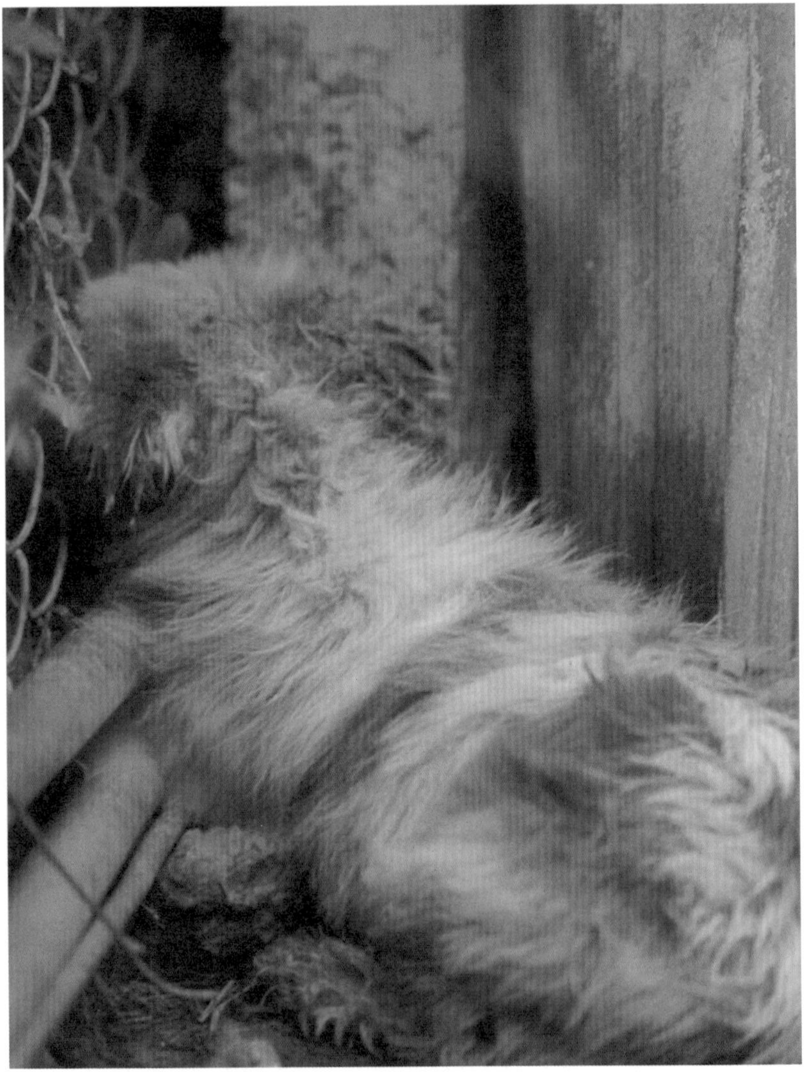

即使是關在收容中心的流浪狗，也得要糾黨結派，苟延殘喘，無黨無派的小狗只能躲在角落打哆嗦。

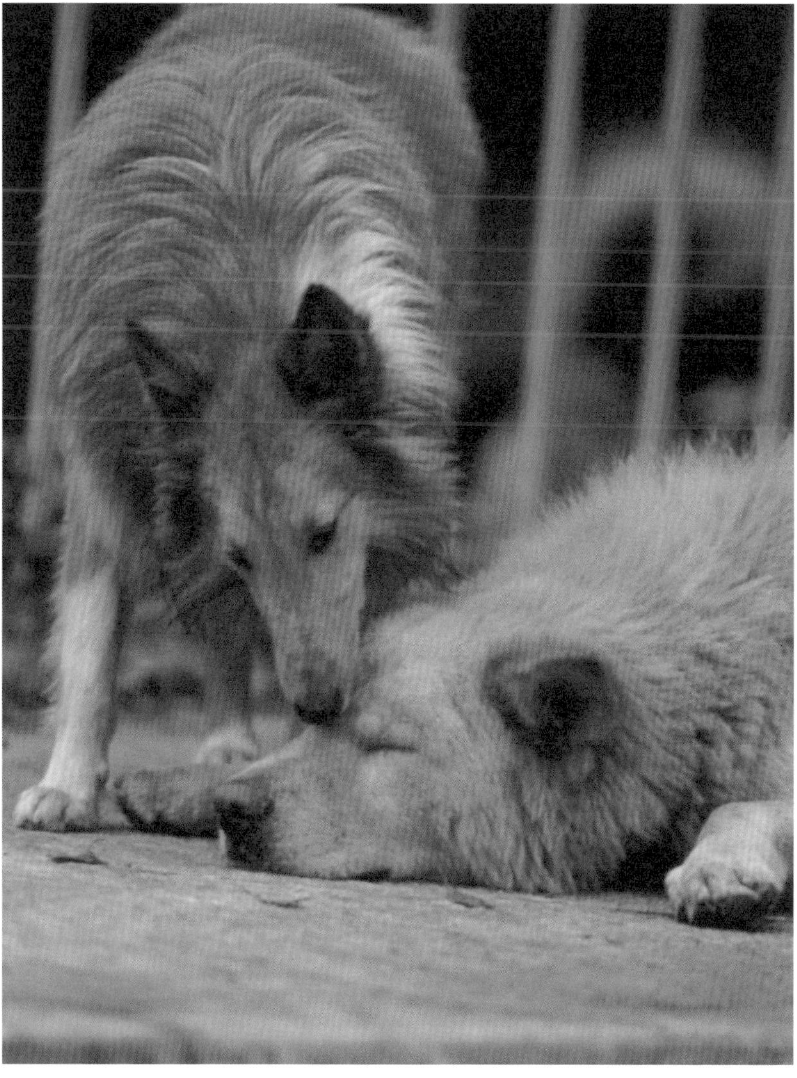

生病是流浪狗大忌，盡其所能與以慰問，鼓勵生存意志是患難之交責無旁貸的應盡義務。

狀態這麼差勁的狗，能說牠是家犬嗎，偏偏牠就是家犬，把狗養成這副德性，真不配做狗主。

生產過的母狗，向路人投射的目光大同小異，認為人就是侵略者，是毀滅者，是萬惡之源。

假如不是人類殘忍狠毒，把狗踢出門外流浪，我也不會變成這副長相，更不應該落破到這種地步。

如果每一隻流浪狗都能夠保持這樣健康的狀態，那麼所有抓狗隊員就統統不是流浪狗的對手。

流浪的過程是複雜的，即使是包過食物的報紙亦不容錯過，狗寧吃錯，也勿放過。

啃咬就是機會，誰又知道這塊樹根會不會帶來些什麼糖分，就算啃錯了，也可收磨牙之效。

被趕進角落裡的狗，就會有背水一戰的反應，不是狗急跳牆，就是全力反撲，視來人實力而定。

可憐兮兮，一副任人宰割的樣子，流落到這種地步的狗，已經時日無多。

狗滿為患，待在民間流浪狗收容中心的狗，只能望天打卦，即使一日三餐可能都成了問題。

民間收容所裡的流浪狗，就像第二次世界大戰當年待在集中營裡的猶太人，毫無希望可言。

好好一隻牧羊犬怎麼會被主人拋棄，流落街頭，怎麼又被關進民間流浪狗收容所。

狐狸狗也被主人踢出街頭，莫名其妙走上流浪不歸路，最後落得關進民間收容所。

家在山的那一邊

寫於國外流浪動物收容所

○○○

萬籟俱寂。

肥貓熟悉的身影，又在腦際竄來跳去，就像是那一陣子，彼此無緣無故落難，同在一條街口流浪的時候。肥貓，總是在小吃店的破爛招牌底下，鑽進溜出；從裂縫蹬上彈下，不動聲色，來去自知，歷歷在目。誰也懶得瞅誰一眼。生活習慣不同，覓食對象有別，即使拉屎撒尿的方法都有區別，簡直就是風馬牛不相干。

終於，肥貓忍不住跨過馬路，走向趴在牆角等待日落的我。坐下來，舔爪洗臉，瞄也不瞄我一眼，而且開始冷嘲熱諷，又像是自言自語：

「唉！流浪狗。不是我瞧不起你，看你這副面黃肌瘦，臉無血色，蓬頭垢面，萎靡不振的德性。流浪也得要有流浪的本事呀。精神飽滿，身強力壯，才能夠應付突發的事變。是吧？別到時候說我沒提醒過你啊！」

我喟然而嘆，既不會彈跳，又不懂鑽竄，有理說不清。

夜闌人靜。

肥貓熟悉的身影，又在腦際竄來跳去。儘管彼此毫不相干，我卻有點想念牠。

〇〇〇

德國的氣候，和臺灣完全兩樣，乾燥冷冽。德國的飲食，和臺灣全然不同，缺乏變化。據說德國人，也和臺灣人截然不同，硬梆梆。

不聲不響，我已經被帶到記者跟前，拍照存證。不明就裡，我又被推上飛機，騰雲駕霧，翻嶽越洋，不眠不休，來到據稱環保團體數全球之冠的德國。聽說，我還是經過臺灣一個收容中心千挑萬選，因為長相好，身型俏，乖巧可愛，才被安排送到德國的。

收容中心裡面，幾百隻流浪狗，都以羨慕的眼光看着我，也都搖着尾巴歡送我。說我這叫做移民，叫做外交。說我是榮幸膺選，被指定要漂洋過海，代表臺灣六十六萬隻流浪狗，出去申冤訴枉的明星。至於是臺灣的什麼協會和德國的什麼協會在接頭或對口，我就毫無頭緒了。只知道，幾番折騰，輾轉再輾轉，自己在德國收容中心，一待就是一年多。水土不服，言語不通，天天悶悶不樂，缺乏生活情趣。

我開始懷念在臺灣無拘無束的流浪生活。我最後竟連當初認為毫無生活品質可言的臺灣流浪狗收容中心，覺得也挺有意思。臺灣流浪狗收容中心，追憶起來，甜甜蜜蜜，好像滿不錯。

○　○　○

不僅是鴉默雀靜的夜晚。現在就連沸沸揚揚的大白天，也都思念起當年街口那隻冷嘲熱諷，用力奚落我的大肥貓；也都懷念着當初認為毫無生活品質可言，那所臺灣流浪狗收容中心。

我竟然選擇性失憶，完全不記得是被人用鋼圈勒昏的？還是經人以木棍擊暈的？究竟是怎麼被抓，如何運送，最後竟然被關進收容中心。

我居然渾然不覺，不知道那些幫我安排出國的臺灣對口協會，是不是還在關心我？不知道那些可能依然如故，繼續蹲在收容中心的流浪狗，又會不會依然羡慕我？我好想找個機會告訴牠們：

「我不要移民。」

「我不要外交。」

我既無使命感，也完全沒有喜悅感。

我一心想要回臺灣。哪怕又得要回到那間毫無品質可言的流浪狗收容中心。

我在所不惜。

我懷念臺灣流浪狗收容中心。

我理應留在臺灣。

我是臺灣流浪狗。

鐘錶指針，隨着時間運轉，繼續移動，運作準確。時間卻失去意義，已經引不起我絲毫留意。

○○○

我被動地與彼此完全無法溝通的德國人，日出日落，毫無意義，假裝翩翩起舞，恍如盡喪意識的行尸走肉，魂不守舍。我來回踱步，長吁短嘆，猶如徘徊異鄉的陌生客。我不屬於德國，德國也不屬於我。偶然，驚鴻一瞥，幾隻步着後塵，那些來自臺灣，擺出一副博人憐憫、取人同情的流浪狗，隨即又匆匆消失眼界。隱約聽說，曾經對口的臺灣協會已經不再接頭，更激烈的對抗早就在臺灣又走上街頭。農委會、立法院、馬市長，統統成為刻意點名，逐一批鬥的對象。美國、德國、英國、澳洲的動物保護組織，沒有一個不是臺灣黑函紛飛、爭先檢舉，向外告發的管道。聽說，只有白皮膚的外國人，才會重視動物權；只有白皮膚的外國人，才是流浪狗真正的衣食父母；只有白皮膚的外國人，才是救星；只有白皮膚的外國人，才是流浪狗的救命恩人。

我不知所措，只能充耳不聞，充其工具，作一隻臺灣攘內媚外的最佳狗選。迎風搖曳，隨波逐流。卻誰也沒有留意我發自內心的呼喚，那理應原本是發自臺灣人的由衷覺醒：

「我不要移民。」

「我不要奉承外交。」

「我既無出國的使命感，也沒放洋的喜悅感。」

我待在鐵籠，踱步嘆息，形同徘徊異鄉無助無奈的陌生客。

○○○

門，開開關關。人，進進出出。

終於，我從門縫那束難得一見的晨曦，窺見一個熟悉的身影。老人，短髮黝黑，單薄瘦弱，額頭的皺紋卻劃出幾道象徵老人飽經風霜，不亢不卑，固執着惟我獨尊的孤傲倔硬。藉着晨曦，我瞟見老人神情沒落，帶着一雙無可奈何、幾乎和我雷同的沒落目光。

我一眼就認出是他。

即使暫時失去往日引以自豪的神采，我還是一眼就認出他是誰。

長年收養流浪狗，而且和臺灣幾個相關保護動物協會也都有着深厚因緣，那個兩袖清風的老人，居然牽着三隻自以為是、而且也像在揹負神聖使命的流浪狗，正在走進來。千里迢迢，老人率領三隻彷如足以代表自己豢養的三百多隻流浪狗，看來是決心遠征西歐了。

孤單的老人，終於悔約背誓，決定要讓流浪狗離鄉背井，成為政治工具，作為虐畜的見證。

老人左右張望，心神不寧，既像是還來不及做出決定、又像是還在後悔莫及。

他一路都在喃喃自語：

「都是經費不足犯的錯。也都是環保局抓狗方法太不仁道惹的禍。流浪狗的問題，其實基本錯不在狗。政府老早就應該要想出一套兩全其美的辦法，徹底解決流浪狗問題了……。狗兒子，我老了，體力有限。該做的也全都做過了……。」

三隻初入貴境的流浪狗，一路追隨老人，彼此默默不語。人與狗，誰也搞不清楚，自己正在做什麼？誰也不知道，自己究竟正在想什麼？人與狗，兩眼發楞，腦筋空白，肢體僵硬，只顧踽踽向前走。

我看着老人，兩條就快要不聽使喚的腿，正在努力地、極不情願的踉蹌前進。從那頭走過來，經過我，再從這頭走過去。

老人壓根就沒有認出我是誰。

老人當然認不出來我是誰。

老人每天都要面對三百隻渾身既臭又髒的流浪狗。

老人哪又能夠記得每一隻狗的長相。誰是誰？誰又會是誰？

我猛地搖頭甩尾，胡蹦亂跳，用盡高低不一的聲調和語氣，呼喊叫嚷。老人就是沒有感覺，一邊踱步，一邊搖頭。

我看見老人和我一樣，既沒有使命感，又沒有喜悅感。悻悻然，我再度蜷縮一角，重新無精打采。

唉！老人畢生第一次的國外旅行，真累呀！

○ ○ ○

老人畢竟靦腆的回去了。

老人居然忍心留下三隻自以為從此可以擺脱夢魘的臺灣流浪狗，踽踽而行，回去了。

老人像是在地圖的歐洲板塊，插上一面國旗，意識着臺灣流浪狗的領域彷彿擴大了。

是不是表示臺灣的版圖無形擴張了？是不是又表示臺灣的外交也無形膨脹了？

我似懂非懂。我好想問問收容中心裡面，日出日落，和我聞雞起舞的那些德國人：

「這是不是叫做非典型外交？」

我想回臺灣。

門，咿咿呀呀地開啟，可還是那道晨曦嗎？

○○○

記不得究竟是哪一天，反正就是老人來到德國之後的事情了。

我又看見一個熟稔的身影，那不是老人，那是來自臺灣另一個婦人。

婦人為德國人帶來珍稀的禮物。那是貢品。那是典藏。那是珍禽異獸。

婦人為德國人帶來一隻——三腳流浪狗。

的確，像這個樣子的流浪狗，才能稱得上是瑰寶。臺灣三腳流浪狗，正是世界相關協會，你爭我奪，人見人愛的量產寵物。臺灣三腳流浪狗，絕對是全世界的營運慈善事業，現在進行式的必備佐證。

來自臺灣的婦人，當仁不讓，擡頭挺胸，理直氣壯，呼嘯而過。哈啦哈啦，旋即離去。我至今就是一直想不起來她究竟是誰？被驅逐臺灣、放逐德國的三腳流浪狗，卻從此成為我無話不談的好朋友。

○　○　○

好朋友，顧名思義，就是彼此要好到相互鼓勵。好朋友，必須彼此支持，同苦共難，肝胆相照，你依賴我、我依賴你，是不容被出賣，是絕無利害衝突的親密戰友。

三腳流浪狗和我，不知道是臭味相投，還是志同道合。居然彼此不分晝夜，追溯過往，評論現在，展望將來，點點滴滴，侃侃而談。

三腳流浪狗越說越氣憤，忿忿不平，不平則鳴。牠氣急敗壞。牠大聲疾呼：「因為，臺灣還有一隻後面拉着代步拖車的兩腳狗，據說即將由臺灣啟程，準備來德國。這些接頭對口的臺灣相關協會，究竟抱着什麼了不得的心態，好像非得要將我等一干流浪狗，分批分次，踢出國門，才算愛護動物的使命大功告成？臺灣相關協會，各家各戶，一個一個認真執行，自掃門前雪、莫管他人瓦上霜，你伸手向外國人要錢，我低頭向外國人邀功，本末倒置，盡失原則，大家不顧顏面，毫無廉恥，以為這就達成關心流浪狗的神聖使命。自家清理自家垃圾，流浪狗盡量朝外銷。」

三腳狗義正辭嚴，越說越生氣，越氣越想說，說得牠聲嘶力竭，氣得牠三腿發抖，幾乎失控，差點要跌倒。我倒想起在美國那隻名叫傑克的短腳獵狗，不但從小被母狗拋棄，還被不知名的動物咬掉兩條後腿的下半肢，耐心十足的主人非但將其救起，還替獵狗安裝一輛精緻的輪椅拖車，讓其殘而不廢，得以四處走動。美聯社得知消息，大喜過望，即時作出反應，通告世界。美國人的人道精神，從此大大提升，人狗皆大歡喜。

三腳狗，口沫橫飛。我這才後知後覺，了解無獨有偶，原來臺灣也有另外一個善心的愛狗女人。我感動莫名，潸然淚下，一方面為那隻即將啟程來德國的兩腳狗感到悲傷，一方面又想替那個善心的愛狗女人找理由。是什麼令她心灰意冷，心甘情願，心血來潮，把狗撿回來，又把狗扔出去。

確實不錯！像這個樣子的流浪狗，才能稱得上是瑰寶，牠是世界相關協會你爭我奪、人見人愛的量產寵物，牠是營運慈善事業、現在進行式的最佳佐證。

○○○

我心亂如麻，心急如焚，心力交瘁，心如止水，昏昏欲睡，進入夢鄉。我夢見自己重新踏進國門，回歸臺灣，回到家鄉，做一隻道道地地的臺灣流浪狗。

我的家在山的那一邊。

我想回臺灣。

臺北報紙，新聞焦點話題如是說：
老兵抱病搭飛機，送三隻流浪狗到德國。
三條腿流浪狗，離開媽媽，移居德國。

曾經高大威猛，現在面黃肌瘦，四肢無力，兩眼發愣，流浪到這個地步已經來日無多。

一隻套着頸圈的狗正在四處流浪奔走，誰是這麼不負責任的主人，實在可惡。

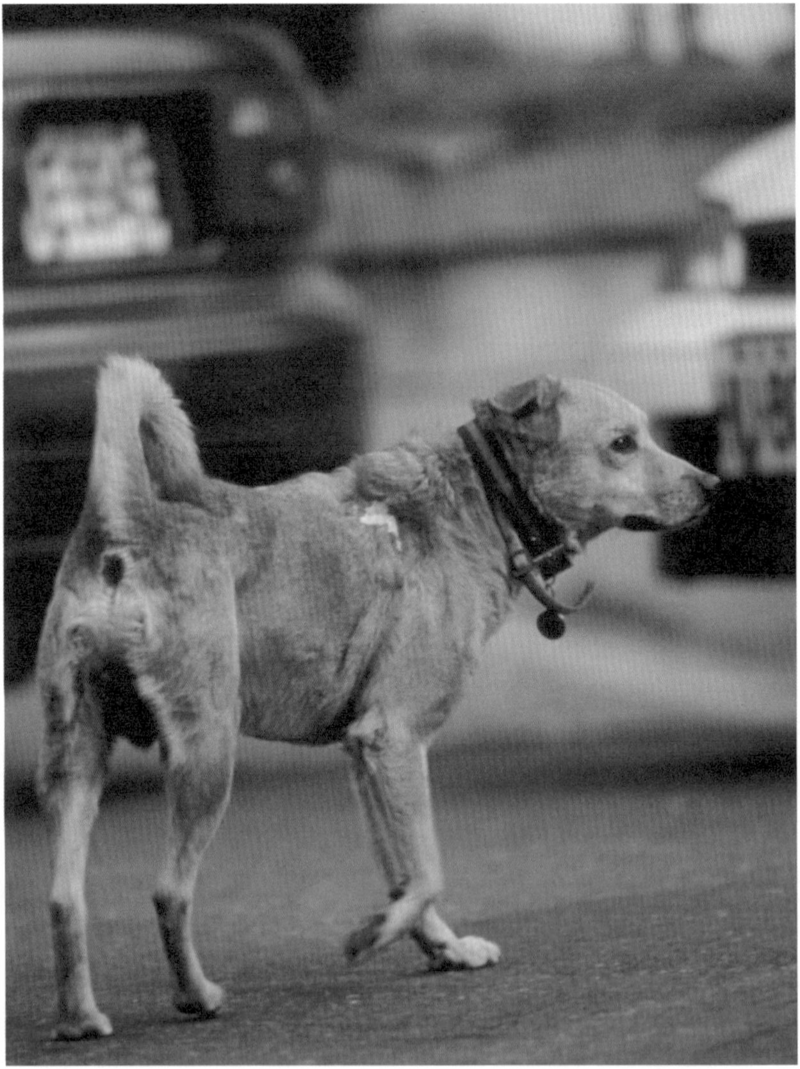

曾經流浪過，後來經人領養，最後再度流浪，身上的疤痕代表光榮戰役和慘烈戰況。

躲在車底既可防晒，又收匿藏之效，要流浪，要活命，就要防範任何被逮捕的機會。

遊蕩街頭的狗統統叫做流浪狗，拉下的鐵閘就是明證，證明一些養狗人仕的怪異思想和奇特心態。

請教育人類正確的養狗觀念之後再來抓我們吧，否則流浪街頭的狗是抓不勝抓，徒勞無功。

路邊違規停泊的車數以千計，街上流浪的狗數之不盡，車底自然成為流浪狗的臨時小築。

遊蕩在外的狗絕對不會乞憐，狗無時無刻不在保持警覺，警惕自己不要重蹈覆轍誤信人類。

流浪的下場就是橫死，沒有聽說過有流浪狗是無疾而終，又或者是安享晚年。

三腳狗流浪街頭，這種狗最具流浪本錢，擁有令人憐憫的特徵，最適合作為政治宣傳的道具。

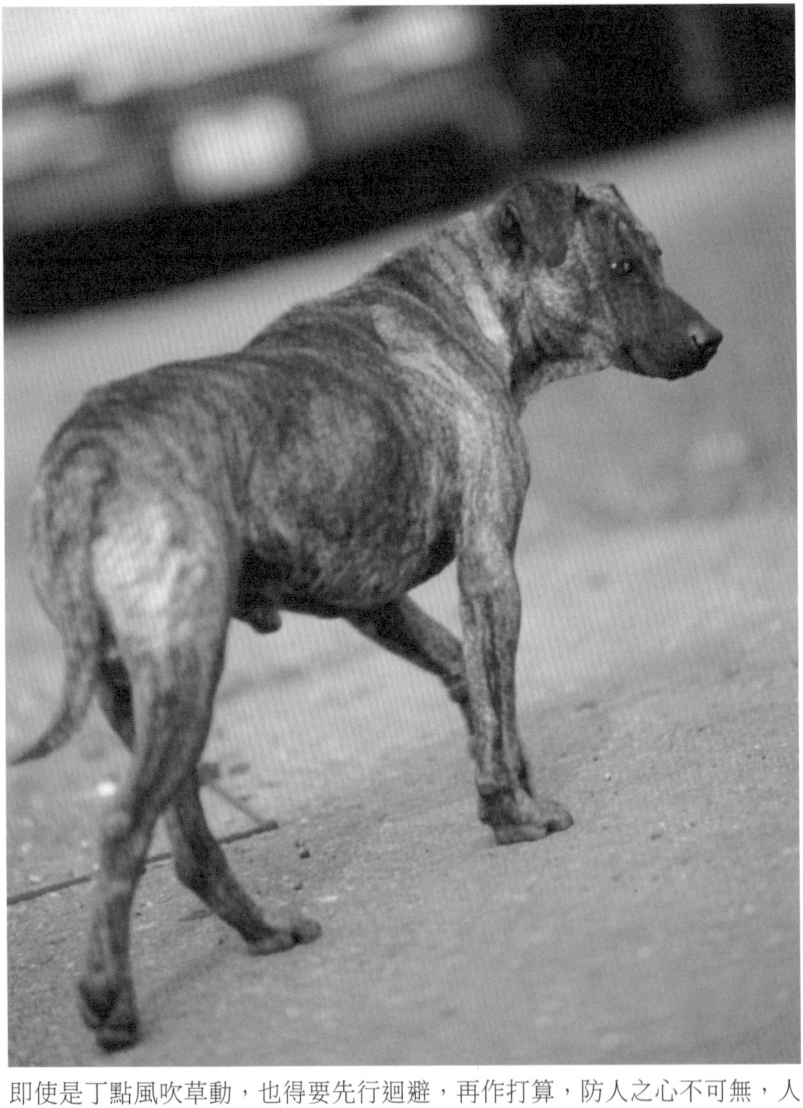

即使是丁點風吹草動，也得要先行迴避，再作打算，防人之心不可無，人心險惡，屢試不爽。

看看我這張臉多有個性，兩種全然不同的狗長相，居然都組合在我的臉上。

典型流浪狗的臉就是這個樣子，牠已經成為狗族大熔爐裡的混血兒。

那間耐人尋味的屋

寫於臺南赤崁樓

○○○

這不是一個富裕的家庭，勉強還算小康。

屋沒有裝潢，缺乏多餘的家具。貼着素色壁紙的牆壁，倒是不規則地釘上幾塊橫木板，有些木樁隨處豎立，一邊任意擺放幾個圓筒。

由牆角的一頭，到牆角的另一頭；再從牆角的另一頭，至牆角的那一頭，層層疊疊，堆積着大小鐵籠。籠裡，鋪地毯，擺餐盤，備水盂，橫豎盡是不同的嘴臉，長相不一，毛色不勝枚舉，卻都是貓咪，或胖嘟嘟、或瘦巴巴，左移右動，嬉戲逗鬧，又靜悄無聲。籠裡籠外，打成一片。

那邊，四五隻貓咪，老氣橫秋，倒臥窗臺。正面，側面，背面，反面，姿勢有別，大刺刺地晒着來自簷邊，勉強擠下來的短暫陽光，彷彿萬分享受。

家，與眾不同。屋，更耐人尋味。

○○○

年輕的夫婦，屋的主人。二人，不分你我，共同主持這個看來就極不尋常的家。

○○○

白天，部分貓咪，分組分批，被帶出帶進。聽說，帶出去的貓咪，就會安置在街口專賣貓咪的寵物店。有人說，屋的主人就是街口專賣貓咪寵物店的老闆娘。寵物店的貓咪，飽食終日，自得其樂，遊手好閒，快樂似神仙。貓咪，反而認為是理所當然。理應如此，不然呢。

○○○

賣貓咪的生意好極了，貨如輪轉。就像是放洋的孩子，一去不回，統統變成了外國人。

待在屋裡的貓咪，情緒高漲。貓咪，對於未來，都懷着美好的憧憬，無所事事，不約而同，也都決定增產報國。性事，成為貓咪公認既收運動之效、又能溝通彼此、且可延續家的生命、更加創造屋的繁榮，這可是一舉數得的健康娛樂活動，不是嗎。

屋裡的貓咪，樂此不疲，其樂融融。

我，就是這樣，誕生在這個並不富裕，但是又勉強還算小康的家。

我，是一隻混種的暹邏貓。

○○○

臺灣的新聞是這麼報導：

繁殖貓狗牟利出售，成為社會喋喋不休，再三討論，大聲撻伐，一致杯葛，不負責任的卑劣行為。

以惹人憐憫的小貓小狗，騙取感情，以達到出售目的，最容易造成日後棄養現象。

繼續不斷罔顧後果的生殖行為，最後令一再生育的貓狗，喪失自主活動的能力。割除聲帶消音，禁止叫吠，以掩人耳目，剝削貓狗表達權力，徹底違反動物權的做法，日漸猖狂。

○○○

屋裡的貓咪，依然我行我素，無所事事，繼續得過且過，毫無危機意識。

年輕的夫婦，洋洋得意。對於街頭的民怨，不以為然。對於動物福利機構的抗議，無動於衷。

那麼，養駝鳥的人也有罪了。

那麼，養白兔的人也有罪了。

那麼，養鸚鵡的人也有罪了。

那麼，養豬，養牛，養羊，養雞，養鴨，養鵝，養蝦，養魚，養牛蛙，養火雞，養老虎，養袋鼠，養獼猴，養無尾熊，養紅毛猩猩，養梅花鹿的人，統統都有罪了。

到底是誰得罪誰？生產也不行？糊口也不行？

就是這樣，混種的我，呱呱落地。

○○○

我遺傳老爸的健壯和老媽的機智，努力成長，迅速茁壯。就像念書的孩子，跳班越級。經驗豐富，眼明手快，老闆娘隔天就把我揪出來，送進街口專賣貓咪的寵物店。

抛頭露面，賣弄身段，我搖身變成老闆娘笑得合不攏嘴的搖錢樹，像披着貂皮大衣的長腿美少女，在玻璃缸裡選美似的爭奇鬥艷。

○○○

隔着玻璃窗，品頭論足的人，可真不少。

小姐姐和旁邊站着的媽媽吵到幾乎翻臉，說什麼也得要把我抱回家。衝動，固執，鬧彆扭。從小就沒有養過寵物，但是現在卻信誓旦旦，非得要開始養育寵物。小姐姐的臉上，終於展現出勝利的笑容。

不知道轉了多少個彎，也不知道塞了多久的車。我跨入門檻，踏進新家庭，即將開始過那種無從想像、毫無頭緒的新生活，也就是曾經待在屋裡那些貓咪、無不懷着美好憧憬的那種新生活。

這確實是一種無從想像、毫無頭緒的新生活。周圍杳無貓踪，謐靜無聲。我失魂落魄。我天天思鄉念家。掛着爹娘。想着那間耐人尋味的屋。我晝夜不分地喵喵叫。一邊的小姐姐，勝利的微笑不再展現，眉頭緊鎖，滿臉愁容，語重心長，自言自語：

「原來養貓咪，不像上一回養的電子雞。」

她央求媽媽，把我送回原先街口那家專賣貓咪的寵物店。

踏出新家庭，跨出門檻，不知道轉了多少個彎，也不知道塞了多久的車，轉轉再轉轉，我又回到專賣貓咪的寵物店。白天，我繼續充當笑得合不攏嘴，那個老闆娘的搖錢樹。夜晚，我總會被帶回依然是耐人尋味的屋。

那可真的是一個與眾不同的家。

我慶幸自己得以還原從前的我。

○○○

想要把貓咪抱回家養的人，可真不少。

隔着玻璃窗，指指點點，人頭湧湧。

我卻從來就沒有想過，貓咪最後得要浪流街頭的數字可真多。

臺灣的新聞是這麼報導：

美國動物人道協會，統計指出，流浪貓安樂死，數字高達五百七十萬至九百五十萬隻，居然比流浪狗安樂死五百四十萬至九百一十萬隻的數字，還要多得多。

貓咪確實人見人愛，愛貓族卻只有三分鐘熱度。

我繼續出現寵物店的玻璃缸，像是登上舞臺的長腿美少女。我認為只要臺灣流浪貓的問題不至於無法解決，天下也就太平了。

○○○

想要把貓咪抱回家的人，可真不少。
不久，我又被一個愛貓的媽媽抱走了。

新家，已經有一隻身形臃腫的大黑貓。
看來毫無頭緒的新生活，並不像曾經懷着美好憧憬的那種新生活。
廚房，被雙方割據，各占一方。
客廳，經過默認，雙方以時段區分，各自進出。
主人臥室，明文規定，雙方誰也不准入內乘機撒嬌。
我和大黑貓相互監視。
誰也不准越雷池一步。
即使吃飯，也各食各的碗。
即使睡覺，就各臥各的窩。

新家，到處都是我和大黑貓肆意排便放尿，以資識別各自勢力範圍的好地方。

新生活，無時無刻，充斥着屎腥尿騷味。
愛貓的媽媽，變得嘮嘮叨叨。
愛貓的媽媽，後來更變成囉囉嗦嗦，天天唸唸有詞，說是我們兩個沒教養。
大黑貓，蜷縮一角，裝聾作啞。
我，老早就用爪子鈎開後門，逃之夭夭，從此變成流浪貓。

○○○

流浪，本身就是放縱。
流浪，代表成長，象徵遊學。
流浪，無憂無慮，無牽無掛，自由任性，漂泊不定。

我酷愛流浪的感覺。興奮。歡樂。奔放。洒脱。即時行樂。不醉無歸。就像是但凡禮拜五晚上，夜半十一點半鐘，吊兒郎當，Walk in Rave Party。喝一罐啤酒。吃半顆搖頭丸。隨唱片節奏，聞歌起舞。和毫不相干的男生，貼身貼嘴。再喝一罐啤酒。再吃一顆搖頭丸。哈啦哈啦。瘋瘋癲癲。摟摟抱抱。語無倫次。激情的激情。撿尸的撿尸。早晨六點鐘，全部見光死，全作鳥獸散。

流浪，沒有時間概念，顛三倒四，晝夜不分。

流浪。合則聚，不合則散。

流浪。呼之來，揮之即去。

流浪，就是即興，就是不必負責任。

我混在流浪貓堆，自得其樂，自以為是。俗庸淫蕩，逐漸代替天真浪漫。玩世不恭，逐漸近乎人盡可夫。

我形如識途老馬，每天賊兮兮地攀簷走壁，笑傲江湖，流浪，再流浪。

○○○

我賣弄風騷。

我招搖撞騙。

流浪的公貓，無不嗚吟對峙，撲抓摑打，拼個你死我活。流浪的公貓，爭風吃醋，追逐奔逃，成為見怪不怪的街頭肥皂劇。流浪貓，化整為零，晝伏夜出。我忽地發覺，夜半的街頭巷尾都是流浪貓。我突然發現，白天的街頭巷尾都是流浪狗。

有一天，人不聲不響出現，竹竿、繩套、木棍齊上，決心消滅街頭巷尾的流浪狗。可憐的流浪狗，戰戰兢兢，躲躲藏藏。一波接一波，流浪狗反而成為流浪貓意想不到的擋箭牌。流浪狗毫不自覺地走馬換將，我卻對一再變幻的狗臉不屑一顧。我心知肚明，流浪狗非但生存率奇低，被人捕獲的或然率也會特別高。

我無動於衷，卻又惻然憐之，喟然同情流浪狗。

我戚然而痛，惋惜那些短暫飛逝的狗臉歲月。

○○○

都是一些和我毫不相干的新聞。
都是一些政壇大小角色，相互批鬥的誹聞。
好像不報導任何政治醜聞，臺灣就會變成一潭死水。
好像只有執政者和在野者低俗的叫罵，才是臺灣的正氣之聲。

這一天，新聞標題觸目驚心：
嘉義縣千餘名義消，北上內政部抗議，憤怒脫衣，焚燒制服和帽子。
內政部長張博雅，直指嘉義縣長李雅景幕後煽動。
李雅景認為部長太霸道。
義消焚衣洩憤，揚言集體辭職。
立法院長王金平接見義消。

不幸被八掌溪洪水沖走罹難的工人，就連死去也被提出來熱烈點名。工人成為政壇丑角，彼此批鬥的政治道具。真悲哀。

就連流浪狗也被當作政治道具，何況是不幸罹難的工人，可不是。
可是，這些都和我無關。

這一天，新聞標題觸目驚心：
呂秀蓮大聲疾呼，抱怨副總統權限不清，無法發揮己長。

但是，這些也都和我無關。

這一天，新聞標題觸目驚心：
一隻罕見的雙面貓，誕生美國費城市郊。
一隻臺北信義區的貓咪，坐鎮圖書館，鼠輩斂跡。

我終於聽見和我有關，一些微不足道的路邊新聞。
微不足道的消息，被編排在最不起眼的報紙一角。
奇怪，貓咪喜歡待在圖書館。這又是哪一門的生活品質。

我嘖嘖稱奇。不由自主，搖着頭。
我自慚形穢。不由自主，很納悶。

○ ○ ○

臺灣，果真是流浪貓的天堂。
臺灣，完全沒有流浪貓統計報告。
臺灣，環保局從來就不捕捉流浪貓。
臺灣，流浪貓像猶如隱形戰機，又似隱形戰艦，化整為零，掩人耳目。
臺灣，可憐的浪流狗，體積龐大，目標明顯，成為街頭不可或缺的代罪羔羊。
終於，有一則和流浪有關的新聞了。
令人側目的內容，摘錄如下：
虐狗斂財，林口清潔隊被舉發。
一把火，將四十隻狗活活燒死，詐領捕捉費，每頭六百元。

我無法判斷這段報導的可信度。我卻為流浪狗感覺悲惻。我獨處哀悼。

○○○

果真是難以接受的新聞影響我？我開始厭惡這種極無安全感的流浪生活了。

流浪，不再有 Walk in Rave Party 的感覺。

流浪，不再有瀟洒、自我的感覺。

流浪，不再有無拘無束、我行我素的感覺。

我決定回家，即使是要和大黑貓繼續尚未結束的熱鬥和冷戰。

我出現在印象模糊，似曾相識，那個家的附近。

我徘徊在那道曾經出走的後門外面。

屋，卻空洞昏暗，杳無人跡。

愛貓的媽媽，已經搬家。大黑貓，早已不見踪跡。家，人去樓空。我，看來注定一生要做流浪貓。唉聲嘆氣，垂頭喪氣，我淒然離去，默默走向街頭。愕然。惆悵。懊惱。我悔不當初。

我又想起童年。

我又念起爹娘。

我惦掛着那間至今依舊耐人尋味的屋。

我們永遠不能揣測貓究竟有些什麼想法，又有些什麼意圖，家貓如此，野貓亦然，貓實在不可思議。

貓難得合群，除非是家族，母子情深有跡可尋，但有時效，畢竟貓性喜獨居，無牽無掛。

從來沒有看見過貓忙碌的畫面，懶散，逍遙，與世無爭，惟我獨尊，貓就是這副德性。

遠走高飛，飛越瘋人院，貓的思維領域大得不得了，海濶天空，無遠弗屆，盡在腦海之間。

這是一副什麼表情，是神情沒落，還是神色自若，老神在在，貓永遠讓人捉摸不定。

像是一幅油畫，貓坐在洞口一邊，儘管進出自如，還是要察顏觀色，視安危與否再採取行動。

居高臨下，窩在隱蔽性極高的屋簷上，是貓的最愛，沐浴晨光之下，看來是貓的最大享受。

一臉狐疑，東張西望，腦子裡直打轉，遊蕩街頭的貓讓人分不出牠究竟是家貓，還是流浪貓。

貓獨來獨往，來去無踪，藏匿街頭巷尾，其實流浪在外以四海為家的貓，要比狗的數目為多。

簡直就是夜行動物，大白天的貓睡到四腳朝天，呼嚕呼嚕，人間大小事情全都與牠無關。

貓自命不凡，又讓人覺得猶如與世無爭，氣質高雅，文靜端莊，靜如處子，動如脫兔。

楚河漢界，貓有貓的思維，貓有貓的世界，和人無關，彼此禮尚往來，相敬如賓。

停下腳步，四目交集，上下打量，誰也搞不清楚對方到底想要做什麼，光天化日，還是走為上策。

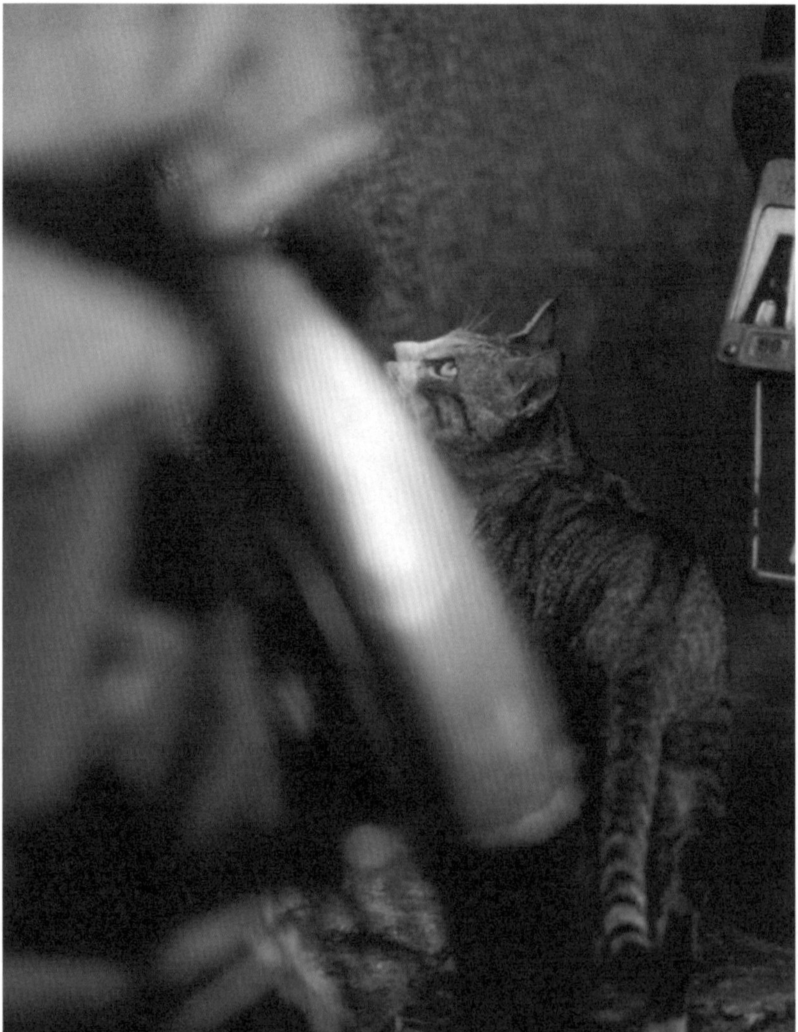

穿梭在機車陣裡遊走，自鳴得意，既可躲過流浪狗的無端騷擾，又能逃避人類貪婪的目光。

外出遊蕩十天半個月乃貓之常情，習以為常，要不是需要調養，或閉門思過，貓闖蕩江湖鮮少回家。

流浪狗，結集快，攻擊強，問題大，抓捉捕擒。流浪貓，單槍匹馬，躲躲藏藏，不構成威脅，也就來去自如。

少婦與阿婆

寫於臺南古城

○○○

我，前瞻後顧，小心翼翼，移步遊動，彷彿康熙隻身下江南。

大白天出巡，畢竟有風險。不對盤的野貓。不賣帳的野狗。不知道哪根筋不對，隨時就會飛來一腳的頑童。不知死活，橫衝直撞，活像趕去投胎的機車。可不是，流浪貓的天敵何其多。步步為營，靠近水潭，謹慎地伸長脖子，低頭舔水，左顧右望。定定神，眏眏眼。我看見水影倒映着自己瘦長的上半身和賊兮兮的一張臉，着實吓了一大跳。我幾乎已經忘記，自己原來還是一隻混種的暹邏貓。

○○○

流浪，多的是機會逢場作戲。

過眼的公貓，恍如萬花筒裡面，千變萬化的七彩圖案，倉促來去。纏綿。卿卿我我。離散。形同陌路。

畫面雷同，鏡頭重複。即使艷史一再，我依然如故，還是偏好獨處房簷一隅，晝伏夜出，作息很規律。

○○○

我舔着窪地的積水，就像當年呱呱落地，說什麼也不肯鬆口，吮吸母奶的貓咪。曾幾何時，就連生活習慣也和往日不同了，進食飲水的頻率增加了，即使量也增多了。饑渴難耐，非得要遊走覓食的次數也都增加了。

體質改變。

生理變化。

體重負荷，越來越大。

我看見積水的倒影，那是一張腫脹的貓臉，箍住一對突兀的貓眼，後面還拖着肥大的貓軀。無怨無恨，無憂無慮，我並不担心即將發生什麼事。本能告訴自己，我已經懷孕，要做媽媽了。喜氣洋洋，情緒高漲，時而奔走吃喝，時而儲神蓄氣，理毛除蝨，我內心充滿喜悅。

○ ○ ○

貓三狗四。

值得慶祝的日子來臨了。四隻小貓咪，呱呱落地，誕生了。

我謝絕一切探訪，盡心盡力，哺育授乳。

我展現偉大的母愛，不眠不休，對四隻小貓咪呵護有加。

我出生入死，偷搶獵盜，惟恐營養不良，奶水不足，影響小貓咪發育。

我開始對現有環境，持着疑惑態度。

我開始對任何動靜，持有保留和觀望。

我啣着小貓咪，來回奔走，不安地數度更換巢穴，躲閃避逃。

我望着四隻小貓咪，周圍爬行，花紋斑斑，長相有別，已經沒有暹邏貓輪廓。

我既驚喜又担憂。

我心驚胆戰，担心往後的日子應該怎麼過。

我心知肚明，畢竟這是一窩見不得光的流浪小貓咪。

四隻小貓咪，不分晝夜，喵叫索食。我心勞力絀，心煩意亂，繼而心事重重，心懷鬼胎。我決心要離開嗷嗷待哺的小貓咪。我決意要鐵下心腸遠走高飛。

我，根本就是一隻本性難移的流浪貓。

○○○

天方亮，我叨起喵喵叫的小貓咪，一隻一隻，放在隔壁公寓的牆角下。我坐在一旁，擡頭期盼，目眇眇，望着進出往來上班買菜的阿婆和少婦。我跟着四隻小貓咪，齊齊發出博人憐憫的救命呼喚，齊齊喵喵叫。

越叫越傷心。

越喚越哀厲。

我不禁嗚咽，實在不知道自己應該怎麼辦。我想起童年，念起爹娘，又再惦掛着當年那間依然耐人尋味的屋。

○○○

曚曚曨曨，恍恍惚惚。

不知道究竟過了多少個時辰。我意識到一個戴着藍框眼鏡，短髮瘦弱的年輕少婦，恍惚出現。少婦彎腰抱起喵喵叫的四隻小貓咪，裝進手提寵物籃，一手托起我，徐徐步入公寓。拾階而上，她走進三樓小屋。我體虛氣弱，任由擺布，一心惦記四隻方才懂得爬行，卻已經沒有暹邏貓輪廓的混種小貓咪。

年輕的少婦，唸唸有詞，像是慰問，又似安撫，那種疑似超越靈介的溝通，讓我猶如解脫，感覺溫暖，求生意念油然而生。我知道，戴着藍框眼鏡的短髮少婦，正是踏破鐵鞋無處尋的救星。

我居然遇見愛貓的好媽媽，真幸運。

○　○　○

屋，形如斗室，卻也雅致。

靠窗的沙發，鋪着布罩。兩隻顏色有別的肥貓，各聚一方，懶散蜷臥。

肥貓無視少婦歸來，對於那籠依然喵喵叫着的小貓咪似乎毫無反應。即使是托在少婦腕裡的我，也引不起肥貓絲毫注意。

肥貓只顧打盹，好像斗室裡的任何陳列和動靜，全然與其無關。

肥貓睡成了四腳朝天。

○○○

那是兩排鐵籠，四個一落，上下層疊。像分租的小房，籠裡住滿神態、體型、相貌，各有千秋的大小貓咪。

貓咪，有瞎了一隻眼睛。

貓咪，有癲着腿，不良於行。

貓咪，有不知何故，斷了一截尾巴。

貓咪，有被人剪掉耳朵。

貓咪，有鼻頭是黃毛，顏面是黑毛，後腿卻是白毛，全身三彩分明。

貓咪不一，各自在鐵籠獨立起居，自成一國。雷同肥貓，各玩各的耍，各睡各的覺。無視少婦歸來，無視那籠依然喵喵叫着的四隻小貓咪，更無視托在少婦腕裡的我。難道這都是一些不成文的規定？

貓咪不一，安靜地在鐵籠裡面，各自找樂子，偶爾露出喜悅之色，笑咪咪，一個一個都像神經病。

如同分租套房，一旁擺着貓食，一邊鋪着貓砂，一旁掛着供貓口渴舔水的倒立水壺。

貓咪不一，習以為常，各自靜靜地生活。

○○○

電風扇，送來徐徐晚風。我有吃有喝，心曠神怡，環顧四周，嘗試適應新生活。

我看見被安置鐵籠一角，累得呼呼大睡的四隻小貓咪。

我看見隔壁房間，走來走去，正在散步的幾隻老貓咪。

我看見房間隨處豎立的木樁。

我看見無處不在，任意擺放的大圓筒。

我想起當初自己呱呱落地的老家。

我仔細觀察自己現在正被收容的新家，儘管陳設酷似，氣氛卻有天淵之別。

那邊，老闆娘養貓，賣貓，繁殖貓。經營寵物店。

這邊，年輕的少婦，撿貓，養貓，結紮貓，建立收容屋。

我慶幸自己遇見愛貓的好媽媽。

我對年輕的少婦無端肅然起敬。

○○○

年輕的少婦，不時接聽電話。開門關門，頻頻迎賓送客。

人，三兩到訪。

人，像瀏覽雜誌，看着鐵籠。

人，又像閱讀報章，盯着籠裡的貓咪。

人，要門當戶對。人，又要兩相情願。

人，進進出出。人，挑三揀四。

一心想要養貓的人家，無不聞風而至。大家都知道，年輕的少婦收容的統統都是流浪貓。

我一邊適應新生活，一邊就被愛貓的阿婆相中帶走了。我只好又得要重新適應根本無從想像，毫無頭緒，又是另外一次的新生活。

○○○

阿婆的家，簡單得不能再簡單。

阿婆的開銷，節省得不能再節省。

阿婆的屋，沒有裝潢，沒有多餘的家具，沒有供我遊戲的木樁，也沒有供我玩樂的圓筒。

阿婆的家，沒有貓食，沒有貓砂，更沒有讓我舔水止渴的倒立塑膠壺。

我必須立時適應這種無從想像，毫無頭緒的另類新生活。

我必須吞嚥阿婆吃過的殘渣賸菜，形如嚼蠟。水煮腐魚，成為偶爾驚喜、食指大動的山珍海味。

阿婆的飯菜，清淡無味。我天天如是，食而不知其味。

她確實是風燭殘年的阿婆了。

○○○

阿婆家，夜晚真難過。

阿婆總得對着我，哭哭啼啼，數落誰的不是：

「我那個老不羞的，死得太早了。說走就走，不顧而去。嗚……。」

「我那個可憐的兒子，九二一地震，房子塌下來，活活被壓死了。嗚……。」

「我那個天生智障的女兒，後來變成植物人，也死了。嗚……。」

「我那個老得可以的姐姐，算是還好，死得好安祥。嗚……。」

「我家的那隻大黃狗，就這麼死了。嗚……。」

「我家的那隻大花貓，那天就是從那扇窗臺跳下去，摔死了。嗚……。」

我提心吊胆。

我有口無言。

我啼笑皆非。
我興致全無。
我內心煎熬。
我裝聾作啞。
我情緒低落。
我毛骨悚然。
我萬念俱灰。
我顧左右而言他。
我表現漠不關心。
我強扮若無其事。
我假裝無動於衷。
我實在無言以對。

我終於溜之大吉。

○○○

阿婆的家終於安靜了。寂靜得詭異，安謐得死氣沉沉。

阿婆不再嘮叨，不再哭啼，不再進出，不再去菜市場，不再煮腐魚給我吃。

阿婆死了。

死得很突兀。

死得又像是很應該。

阿婆的死訊，讓我對阿婆的抱怨劃上休止符。

我搖搖頭，嘆嘆氣。我步出不知何時虛掩的門，走過陰暗的騎樓，跳上平臺，越過屋脊，迎向未來，重新期待新生活。看來，我是一生注定要做流浪貓。

我想起童年，念起爹娘，惦掛起那間依然耐人尋味的屋。

○○○

這邊，電視正在煞有其事着報導：

美國，境內就有六千萬隻流浪貓。

美國人，每年安樂死五百萬隻流浪貓。

那邊，報紙卻大肆渲染地描繪：

臺灣動檢所，今天超度被犧牲動物。流浪狗安樂死，一年一萬頭，耗資近億公帑。

臺灣動檢所搬家，要大開殺戒。空寂法師拚命搶救流浪狗，一共救了九隻。

旁邊，讓人絞盡腦汁，才可能想得通的一則新新聞：

臺灣駝鳥，明年列入家禽，全面納管。

○○○

可憐的流浪貓。

可憐的流浪狗。

可憐的臺灣非洲駝鳥。

賊兮兮，東張西望，就是怕得要死，即使知道捉狗隊不捉流浪貓，也難免要兔死狐悲一番。

為什麼有人要把貓的耳朵剪掉，完全變態，你又猜猜看這個社會有多少個百分比是屬於變態心理的人。

收容的流浪貓懷着感激的心，但並不知足，畢竟貓就是好動，貓不願受任何人支配。

死裡逃生，苟且偷生，貓卻滿腦子胡思亂想，哪怕重蹈覆轍亦在所不惜。

永遠沒有辦法洞窺黑貓的思想，隨時隨地一走了之，然後放話珍重再見，不再回頭。

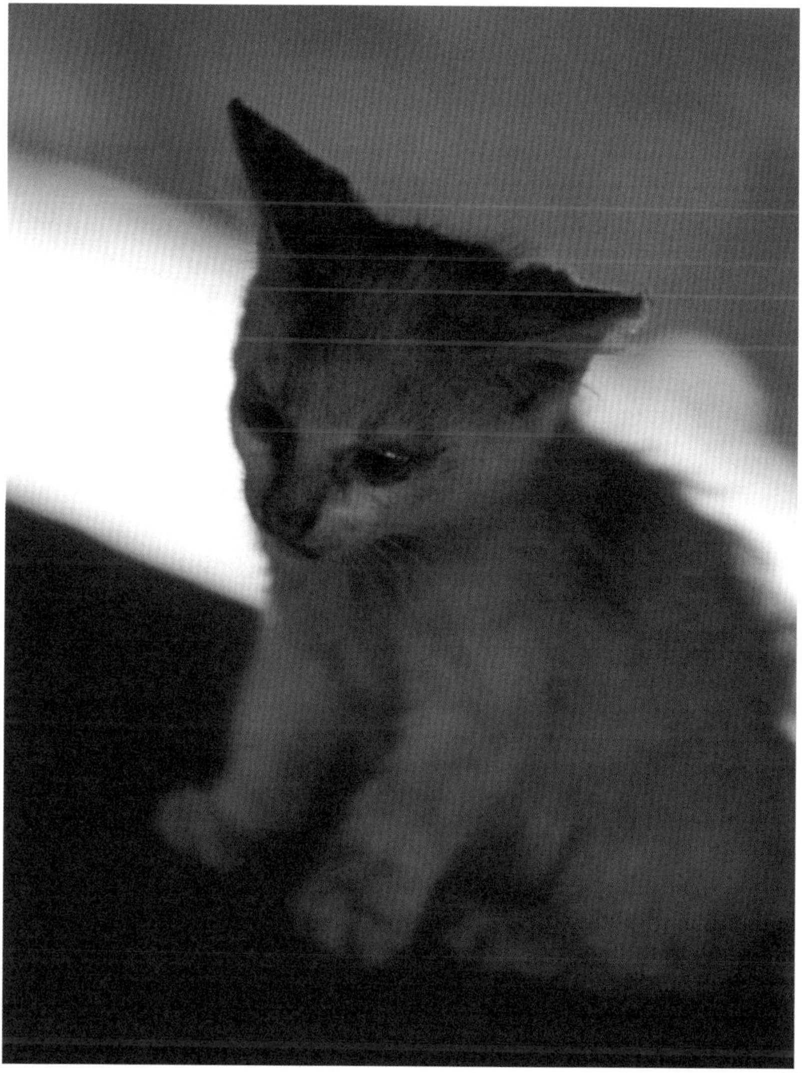

被遺棄的小貓，躲在車底無所適從，只得聽天由命，體弱多病，食源不繼，存活機率大大減低。

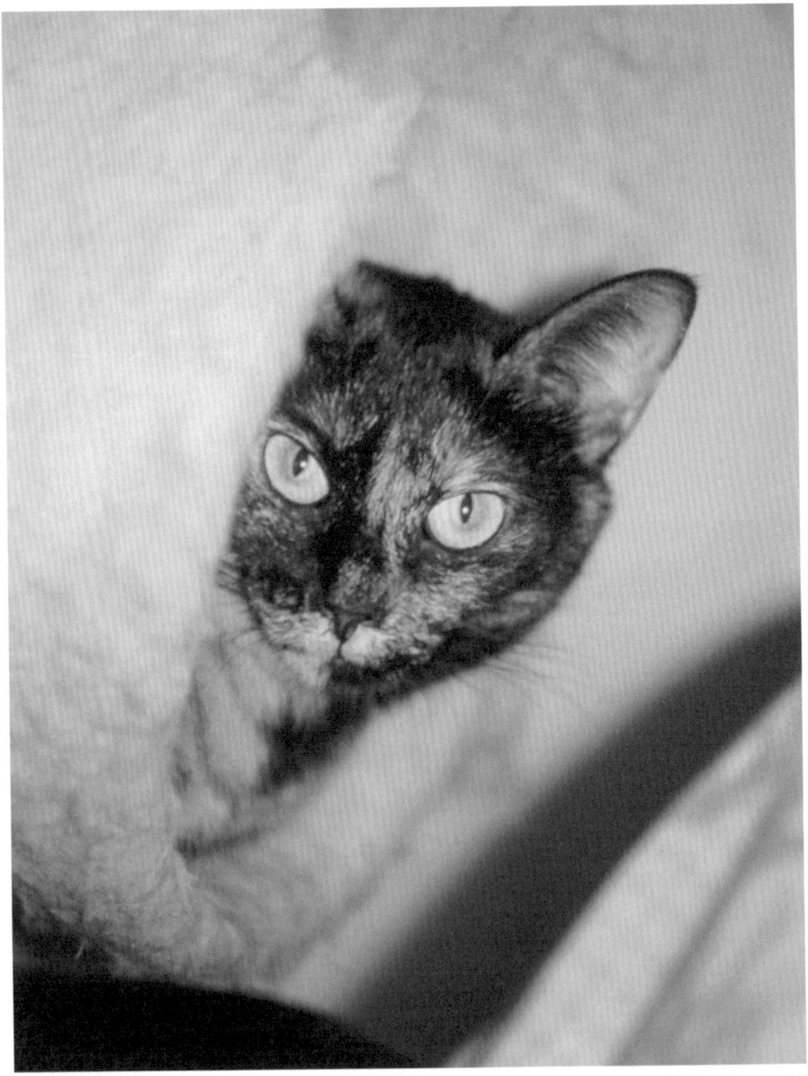

撿回來收容的流浪貓，除了必須供應三餐，還要悉心安排康樂活動，圓筒，檯凳，高架，樣樣俱全。

結紮避孕的貓，老神在在，獨處一隅，享受暫時的收容生活，領養還是遊蕩，連貓也三心二意。

流浪貓縱橫江湖，自有傳奇一面，也都是死亡邊緣被救回來，貓的亡命生涯大概並不好過。

來去無踪，飄忽不定，無時無刻不在想要出門遠行，隨時準備搖身變成流浪貓。

流浪貓四處遊走，沿屋脊，順牆角，依停泊路邊的車輛前進再前進，難得引人注意，自得其樂。

垃圾堆是流浪貓必訪重地，出自好奇，也可能因此找到得以進食的珍味，總比一成不變的貓糧要好吃。

獨眼貓，習慣單眼觀察事物，只要生存意志高昂，根本也就沒有什麼大不了的事情難得到牠。

貓對於任何動靜都會駐足觀望，態度有所保留，遲疑，不安，躲閃逃避，乃貓之常情。

前方移動有流浪狗，貓故作鎮定，採取守勢，居高臨下，低頭俯視，靜觀其變。

出走流浪，肥貓變瘦貓，風采不再，體弱多病，骨瘦如柴，風浪般的駭人經歷實在是有口難言。

美好的憧憬盡在腦海，貓準備再度出發，闖蕩天涯，痛苦的流浪經驗畢竟已成過去，拋諸腦後。

你看看他這個人

寫於臺北凱悅大飯店

〇〇〇

晌午的暴雷，震裂了炎夏持續的悶熱。

勁風，襲捲黑雲，由遠而近，霎時迎面而至。

昏天暗地不分青紅皂白，正一股腦地埋首啃噬高樓大廈，又大口大口呑嚥寬街窄巷。氣壓低得教人透不過氣。行人驚慌走避。路面的車輛，不禁加快速度，一路衝刺。誰都知道，這場午後雷陣雨，勢必來勢洶洶，銳不可當。

〇〇〇

真的是心猿意馬。他不安着走近窗口，鼓起勇氣，撥開窗簾，從凱悅大飯店三樓凱寓廳裡面，眺望街頭。雨，已經像是一個一個砸下來的水袋，劈里啪啦，散落一地。

「真下得像狗屎。」

他搖搖頭。看來，這場臺灣流浪狗認知與管理最新概念報告記者招待會，鐵定泡湯了。

○○○

幾近一年時間，不顧風吹、日晒、雨淋，手抓着照相機，遊走街頭巷尾，進出荒山野嶺，鑽天入地，獵影流浪狗，觀察流浪狗，研究流浪狗，為的就是這次舉辦的記者招待會。準備照片，準備講義，就是要準備在這裡，提出自己對於流浪狗不同角度的另類觀點。雖然早就感覺主題可能嚴肅，內容可能枯燥，既不能譁眾取寵，又不得旁門左道，他還是作出這項食之無味的決定。

眼巴巴，眼睛盯着驚天動地、足以天翻地覆的霹靂豪雨。無奈地推推架在鼻樑的金框眼鏡，緩緩轉身，回過頭，故作鎮定，他必須繼續整理待會可能就得要發出去的資料。

總會有一些熱心的記者來吧。他不得不安慰自己。

○○○

流浪狗，老是被張揚要送到國外收容中心。

四年前，已經送去美國。

兩年前，開始送往德國。

好像只有搭飛機、趕汽車，被送到外國收容中心的流浪狗，才能跟着外國人的屁股，雞犬升天；也才能跟着外國流浪狗的屁股，盡享榮華富貴。

好像只要是被關在臺灣收容中心的流浪狗，就注定食樹皮草根，水深火熱，生不如死。

通訊發達，現在又是電傳上網的世代。哪一個白皮膚的外國人，不以為臺灣已經淪為流浪狗煎熬煉獄。狗被欺凌虐待。活狗，要烹。死狗，也得燒成灰燼，製肥料。搞到臺灣各級政府，雞犬不寧，坐立不安，天天被質詢，日日要答辯，根本也都拿不出任何治標治本的好辦法。

他若有所思，回顧幾近一年在臺灣研究流浪狗行為，其間所見所聞。

「政治真的是卑鄙齷齪！」

他又搖搖頭。

可不是。執法部門三心兩意，漏洞百出。保護團體，窮追猛打，使盡花招。外國組織，坐收漁翁之利，既有活標本，又可以有補助捐款，兩頭進帳，收容幾隻臺灣來的典型流浪狗，何樂而不為。互相利用，人為宣傳。最後活着的流浪狗，全都變成政治圈內交惡示好，翻臉成仇，眉來眼去的最佳道具。收容再收養。收養再流浪。流浪又收容。收容又收養。活着的流浪狗，統統成為拋來拋去的政治繡球，真可悲。

○○○

窗外，雷聲鏗鏘。

雷聲，像布袋戲擂臺上面的人馬，雙方對峙廝殺。站在後臺的師傅，正在用力跺腳吶喊，擊鐃敲鈸。叫陣助興，喧天價響。

流浪狗，恍如一個個人手操控，應聲倒下的尢仔頭，瞪着牛眼，死不瞑目。

○○○

腕錶的指針，指着下午兩點整。

兩點整，正是記者招待會開始的時間。停不了的傾盆大雨，卻等於在宣判，兩點整正是記者招待會結束的時候了。

他深深吸氣又吁氣，坐定講臺前面，左右張望，就是不敢正視大廳入口。他默默地準備聽候無情宣判，秒針卻冷笑着嘀嘀噠噠，毫無表情地擺抖跳動。

終於有人影閃動，那是記者，接二連三。不多，但足以點燃希望之火，用來溫暖即將冷卻的心房。臉龐展現的些微笑容，代表即將雨過天晴，他感動地躡足靠近正在擦拭手臂、撥弄髮鬢，嘗試揮走一身雨滴的記者，生怕驚動他們就可能驟然離去。

「好大的雨，是不是再等五分鐘才開始？」

那是他的期盼眼神。

○○○

人，陸續入座。

應該是報社記者？可能是雜誌記者？或者又是網路記者？那邊，架着錄影機，應該是電視臺？他狐疑，然而不敢確認。他只顧站在人前，開始滔滔不絕地進入主題。

他真怕有人中途退席。

畢竟這是一次非常重要，主題嚴肅，內容卻枯燥無比的臺灣流浪狗認知與管理最新概念報告，記者招待會。

○○○

想必費盡心思。

像政治人物輸送理念，像佈道家傳播福音，像大學教授即興講課，他使盡渾身解數，揮舞肢體，大放厥辭，專心致志，勾勒出一幅流浪狗捕捉處置無缺點計劃；解說政府和民間保護團體，應有的正面互動。

想必絞盡腦汁。

他要告訴眼前冒雨來到的熱心記者，解決流浪狗問題必須實事求是。流浪狗問題，不是搬上政治桌面，指桑罵槐，批判鬥爭，就可以解決。流浪狗問題，不能變相走上街頭。流浪狗問題，是要彼此信任，互相幫助。流浪狗問題，是要依賴政府和民間分工合作，才能逐步解決。

有人聚精會神，在聽。

有人恍然大悟，在想。

有人努力寫筆記。

有人卻呵欠連天。

有人已經進入夢鄉。

令人動容的流浪狗照片，同步在會場展示。

「確實是有讓人深思的另類看法。」

未能即時領悟箇中奧妙的記者表態了。

○○○

窗外，雨默然停止。

他像枯竭的油燈，坐下來。

他看不見眼前有任何興奮的表情。

他聽不到跟前有任何熱烈的發問。

人開始在會場來回走動。喝咖啡，吃點心，打招呼，傳短訊，打手機。

人然後逐漸作鳥獸散。

是記者招待會應該結束的時候了。

○○○

「主題真的太嚴肅了。現在的新聞，可能真得要揭人瘡疤，語驚四座，才能上報出鏡吧。」

他搖搖頭，又再搖搖頭。他確實有幾分悔意。

可不是？今天的新聞標題如是說：

謝長廷夫婦，嫁乾女兒長臂猿貝貝。

來臺一年，哈雷派翠克胖了，發情了。

大陸送白老虎，小馬哥考慮中。

陳總統關切，八色鳥有救了。

紅毛猩猩發飆，脱人褲子，抓人陰囊。

海生館以四十萬元，向漁民購得受虐鯨鯊。

虐狗斂財疑案，林口鄉長向檢舉人露刀疤。

陳總統指示，搶救抹香鯨。

「臺灣的環保心態生病了。」

他重複地搖着頭。

○○○

重新翻開那疊並沒有派完的講義。一行行工整的字體，瞬間如獲大赦。字體，爭先恐後，就在眼前跳躍奔跑。

「看吧，講是沒有用。還是走上街頭最有效。」

工整的字體，搖搖頭，一個貼着一個，跳出講義；一行跟着一行，不告而別；一段接着一段，杳然無踪。

講義裡面，出走的字跡，全文如下：

一、收容流浪狗應持的態度和概念。

今天，面對流浪狗問題，已經不能再用同情、又或者是憐憫的心態，僅僅由某幾個狹窄的點、面、界，切入關心。國民模糊不清的概念，政府模稜兩可的態度，只會造成更大的誤會和更嚴重的後果。然而，流浪狗問題日益嚴重，甚至有意無意，已經淪為環保工具和政治道具，有形無形，已經被人利用。最後，流浪狗卻又得到什麼福利？又能夠得到什麼權利？即使在外面流浪的狗，或者在各種收容中心關着的狗，又可有絲毫的生活品質？我們有誰會站在流浪狗的立場，為狗設想？可有宏觀？可有建樹？

二、流浪狗在市區的問題比較大。

養狗必需要有條件。有地方，有時間，有耐性，有經濟能力。

養狗不但考驗人的愛心和耐性，也同時考驗狗的愛心和耐性。

反觀，現在即使植晶片、掛狗牌，狗依然滿街遊蕩。養狗的人不在乎。狗本身更不在乎。養狗的人，一旦找不到自己的狗，只會要求國賠，訴說政府不對，難道這就是養狗的人應有的養狗之道？政府應該於必要時，公布配套方法，並立即嚴厲執法。只有執法嚴厲，才不會讓養狗的人隨心所欲，要放狗就放狗出去，要狗回家狗就得乖乖回家。變相自私自利。嚴重扭曲自由、人權、動物權的根本意義。

三、面對流浪狗應該正視的問題。

流浪狗，等待時機，即會群體活動。請重視流浪狗成群活動產生的力量和影響，例如：疾病，帶原，本身的痛苦，人類對其產生的厭惡感，四個月懷孕期的快速繁殖，活動形式的改變，出現時段的轉變，不容忽視的攻擊力。

淪為保護團體把柄的流浪狗捕捉方法和處置手段，令政府拿不出魄力，失去公信力。人道捕捉方法，迅速過濾欲留下或欲處置的狗隻，處置機動快速，人道毀滅，嚴格控制領養狗隻數量，明確統計捕捉數字，隨時公布處置數字。一切透明化。明文規定兩天處置期限，收容所額滿可即時人道毀滅。

保護動物團體應走的方向，是建議，是配合，而非對抗，甚至結盟外國勢力。隨時關心政府收容所未人道毀滅的狗隻有否受到虐待情形，盡量幫助狗隻做結紮手術杜絕流浪狗惡性循環，廣泛教育國民應有飼養寵物基本觀念，廣泛告示國民不可在沒有條件的情形飼養任何狗隻。

政府有關部門必須檢討，改組，革新，嚴格執行配套方案。製定捕捉、篩選、檢疫、人道毀滅、有限度領養流程。所有宣傳作業一律由單位本身執行，勿假借任何民間團體名義進行，避免利益爭奪，避免非專業，避免金錢流向不明。嚴格捕捉街頭出現狗隻，包括植晶片及掛狗牌狗隻在內。養成養狗人仕基本責任心。建立結紮規定及補助方法。不可受任何宗教及保護團體左右。不可開放大量狗隻接受領養或認養。

四、千萬不要讓流浪狗成為不健康的宣傳道具。

我們要從此杜絕流浪狗的惡性循環。
我們因此可以改良狗隻生活的品質。
我們能夠因之節省政府經費。
我們從此消除沒完沒了的民怨。
我們因此建立政府威信，展示政府實事求是的魄力。
請徹底改變我們對收容流浪狗舊有的態度和概念。

請不要把臺灣的流浪狗丟往外國流浪狗收容中心。

請重視狗隻問題。

流浪狗不是政治工具，更不是展現愛心的道具。

孫啟元 謹啟

大麥町不再人見人愛，養狗一窩蜂，像烤肉，像搖頭丸，有一段時間，滿街都是大麥町。

流浪狗其實也喜歡乾淨，玩得四腳污泥，身上卻像一塵不染，真奇妙。

看牠的德性，似乎頗有來頭，這樣的狗也要變成流浪狗，教人忍不住要搖頭。

無家可歸的狗彷如驚弓之鳥，地上的皮球也得要謹慎品聞，小心勘察，這會不會是毒肉包。

這隻狗流浪的時期不會太久，眼神流露出兩種含意的不同訊息，是詢問，也是試探。

滿街都是繫着這種帆布頸圈的流浪狗，人但求心安理得，為什麼不把牠帶回家。

寂寞最淒涼，悲傷起來只好倒下來自怨自艾，誰要我是一隻流浪狗。

這是一隻道地在陽明山流浪的野狗，扒在車窗跟車裡的熟人彼此招呼，稍作寒暄。

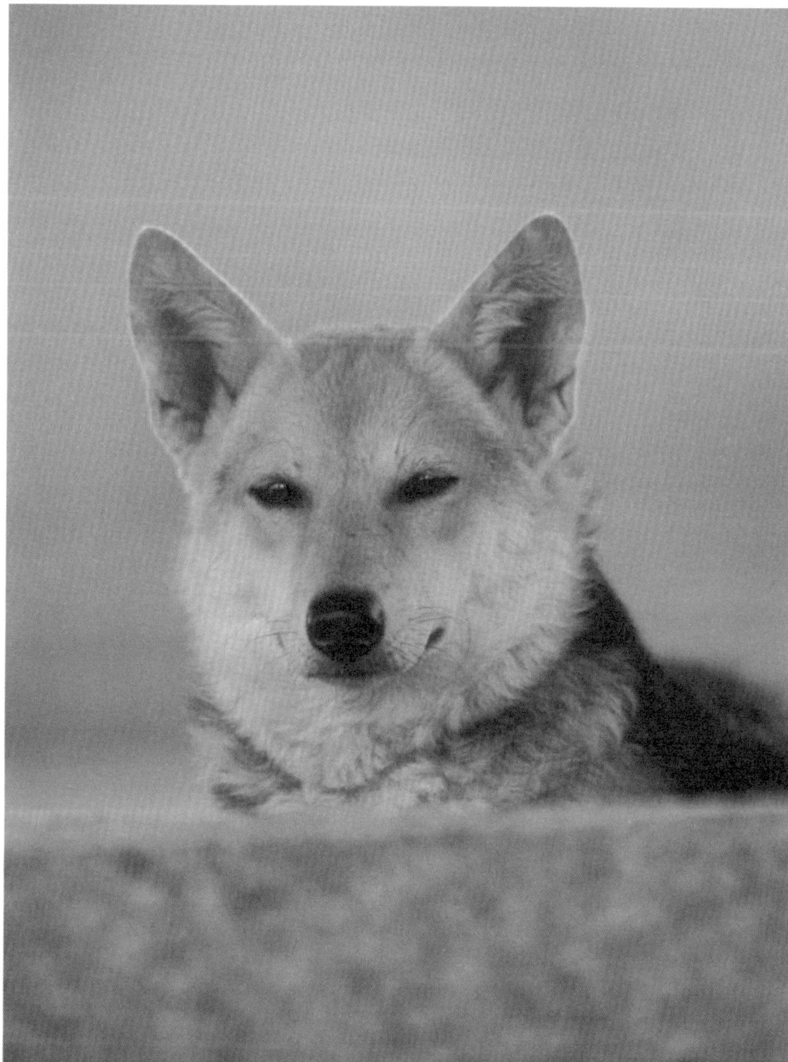

既像狐狸狗，又似狼狗，一身乾淨的皮毛，流浪得好像滿有心得。

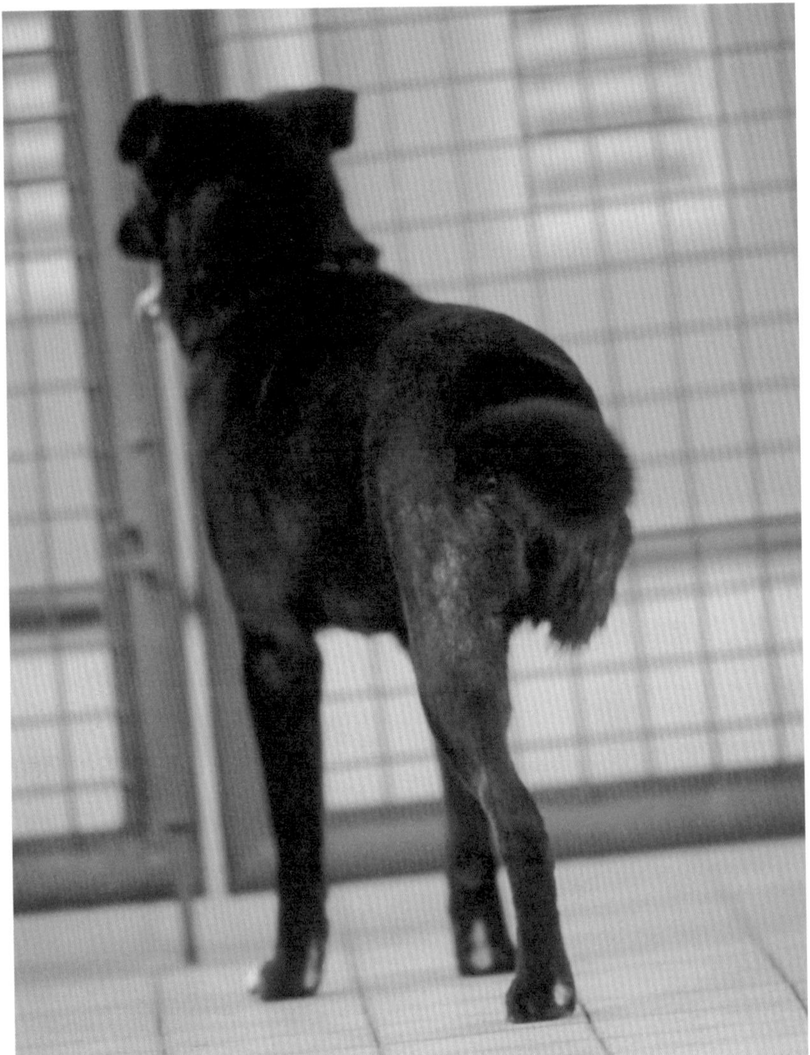

右後腿受到重創而被鋸掉，這是一隻經過獸醫善心治療，撿回生命的流浪狗。

你看我，我看你，誰也看不透對方究竟在想些什麼，沒有敵意就是友人，表示可以互相接受。

無聊到極點，整天哈欠連天，儘管傷痕累累，很倦怠，看起來卻還是活得挺自在。

又是一隻繫着帆布頸圈的流浪狗，有持無恐，來勢洶洶，一副想要先發制人的德性。

悶死我了，流浪的生涯原來這麼單調乏味，沒有小朋友陪我玩，也沒有大朋友關心我。

誰說馬路如虎口

寫於香港避風塘

○○○

酷暑。聽說溫度還會向上提升。

天悶熱得不得不趴在走道，平貼肚皮，伸長舌頭，盡可能散發體溫。

轉角的交通燈號，卻像從來就不懂得畏懼炎日焦烤，專心一意，正在跳上跳下，閃個不停。深淺有別的燈色，似乎在告知路人，是不是橫越馬路的機會又來了。一個一個，面無表情的人，呆立路旁，習慣的依照燈號指示，匆忙來去，倉卒穿梭。

交通燈的燈號，真神氣。它多麼令人肅然起敬啊。

○○○

只要擡起眼皮，一副見錢眼開，皮笑肉不笑，這個雜貨店的老闆娘，就會在這邊出現。坐着打盹，鬢髮花白，有時頻頻與人頷首招呼，就是老闆娘那個惟命是從的老公。那邊，路旁眼見盡是聳立高樓，櫛比鱗次。怎麼也都搞不清楚，那些樓房究竟有多高？怎麼也都數不清楚，樓房底下的大門，究竟進進出出着多少人？聽說，人都是搭電梯上落。

香港的樓房真神奇，神奇得教人油然生畏，肅然起敬。

○○○

有人說，這就是香港的特色。人擠人，車挨車。空間窄，格局小。家裡，完全挪不出位置，但凡多住一個人。家裡，根本騰不出丁點地方，甚至想要養隻狗。

奇怪得很，搭着電梯上上落落的人，有進有出，可是胳臂抱的、手裡牽的狗，卻年年有增無減。無時無刻的壓迫和擁擠，已經讓香港人麻木不仁，就連完全缺乏活動空間的香港狗，也跟着習以為常。在香港，人狗之間的感情如同婚姻，有緣同簷共相聚，無緣翻臉踢出門。

高樓大廈的狗，無不戰戰兢兢，心驚肉顫，寄人籬下，絲毫沒有安全感。

○○○

我慶幸自己命賤，出身雜貨店，隨意來去，自由放任。尿急，可遵循深淺不同的交通燈色，穿過街口，就近電線桿方便。拉屎，一個右轉彎，即可進入雜草叢生的空地，隨處解決。

交通燈號深淺不同的燈色，確實能帶來無限機會。橫越馬路，如入無人之境。

誰說馬路如虎口。

○○○

勉強擡起眼皮，不知誰家的黑貓，在那邊抓起斷了半截的竹筷，瘋狂舞弄，得意忘形。

一旁，蓬毛的鬆獅狗，想必出自名門，被老闆娘牢牢栓在桌腳下，生怕走失，吃虧可就大了。鬆獅狗，總是不服氣地望着我來回遊蕩，撒尿屙屎，好不寫意。

拴起來也好，胖嘟嘟地，就是一副跑也跑不動的德性。最近狗房捉狗的捕快，來得可勤快，風聲鶴唳，草木皆兵。

○○○

這段時間，胆顫心驚。關於狗的新聞，可還真不少。例如：

送愛犬交託愛護動物協會，代找領養者，不足三小時，遭人道毀滅。

十四歲輟學少年，在山頭建立私人收容地，餵養的流浪狗感染皮膚病，打架、繁殖，形如狗地獄。

地盤狗，下場悲慘，遭活生生斬斷半截陰莖，發現後即時人道毀滅。

工地救出一隻遭機器輾傷前腿，見肉見骨的半歲小狗，工人卻袖手旁觀。

兩隻遭人遺棄的雄性唐狗，扭打一團，狗咬狗骨，同時墜井，哀嚎獲救。

比特鬥牛㹴，狂性大發，八個月女嬰，頭顱破裂，右耳甩掉，証實死亡。

五歲半女童，由女傭陪伴，放學歸家，突遭半歲大型黑色唐狗迎面撲來，傷及右額，入稟法院，索償港幣四十萬元，卻敗訴。

狗隻專責店被盜，偷走八隻名犬，包括市值港幣一萬三千元的鬆獅狗。

愛護動物協會，年平均接收一萬一千隻被棄養動物，但成功被領養例案僅二千宗，其餘即時注射麻醉，人道毀滅。

〇〇〇

一次親身經歷，像是一場噩夢，就展開在自以為好不寫意的空地上。

那是交通繁忙的一個下午。幾個不懷好意的陌生男子，背着手，佯裝路過，企圖靠近，一心準備醞釀蠕動大腸，推啟肛門，產生排洩慾念，正在半蹲馬步的我。我甚至還沒有機會看清楚，賊兮兮的來人，究竟用的是一些什麼樣的犀利武器，已經感覺背後一陣涼意，直透脊髓。本能告訴我，必須即時停止排便動作，得要朝沒有交通燈號的方向拔腳就跑。我二話不說，立馬飛奔，左拐右彎，連躍帶跳，閃躲路人腳步，走避來人叫罵。千鈞一髮，這才突破重圍，抱頭鼠竄，落荒而逃，沒命地越過石階，穿過矮牆，繞過車道，跑上高速公路。貼緊耳朵，夾起尾巴，不顧一切，直取維多利亞海峽旁邊的銅鑼灣避風塘。

我得要承認，自己這輩子就沒有這麼害怕過。我怕得屁滾尿流，真要命。

○○○

果然，雜貨店附近，但凡自我放縱的狗都失踪了。
街口轉角，賣報紙的老太婆，她養的阿花不見了。
隔兩條街，計程車修理廠，那隻惡霸不見了。
早晚出巡，定時現身的黃狗不見了。
交通燈號那端，一向虎虎生風，老是對我張嘴露牙，不懷好意的老狗不見了。
長得十足澳門跑狗場，沒頭沒腦追着電兔的靈猩，身材卻小了兩號的阿丹不見了。
總是在黃昏，才由隔壁工地跑出來，躺臥路邊，宣示地盤主權的小黑不見了。
嗅得出來，空氣散發一陣陣不安、焦慮、驚恐、絕望的氣味。那是一種說不出所以然，是喪家之犬的死亡氣味。
除了我和陸橋底下那間輪胎專賣店的老黃和阿叉，但凡自我放縱的狗，統統不見了。

早就聽聞香港狗房捉狗的捕快冷漠無情，身手不凡，行動迅速，神出鬼沒。抓進狗房的狗，四天之內無人認領，一律處死，絕無例外。想着，想着，一陣寒颼又從背脊涼透心房，冷得我直打尿顫。

跑着，跑着，氣喘吁吁，我終於來到銅鑼灣避風塘。

○○○

不再只是老闆娘貪婪的嘴臉；不再是一旁縮頭縮腦，惟命是從，老態龍鍾的駝背身影。

銅鑼灣避風塘，放眼望去，海闊天空。一邊是威風凜凜的高樓華廈，一邊隔着維多利亞海峽是金碧輝煌的尖沙咀。

這是另外一種境界，是天外有天的境界，是一種百分之九十九點九的香港狗完全無法想像，也一輩子沒有機會體驗的另類境界。

銅鑼灣避風塘，海風徐徐，視野遼濶。圍着堤防的避風塘裡面，有遊艇，有帆船，有漁船，有舢舨，有貓，也有狗。這裡的人，顯然單純，卻眼神鬼祟，好像在這裡走動的物體，只要不屬於船上，那必屬於異類。人如此，狗亦如此。即使對於以往偶爾路過，似曾相識的我，也免不了充滿敵意，一個一個，都朝着我上下打量。雖然驚魂甫定，我還是忘記以往的作風，忘記自己一定要豎直耳朵，翹起尾巴，擡頭挺胸，頷首微笑。畢竟，現在的我正氣吁如牛。

○○○

銅鑼灣避風塘，絕對不是久留之地。沒有刻意走過來餵食的善心人，也缺乏擋風避雨的遮蓋處。風餐露宿，不知如何是好。

白晝的香港，車水馬龍，烏煙瘴氣，人頭湧湧，摩肩接踵。對於一時有家歸不得，霎時淪為流浪狗的我，感覺插針難下，寸步難行。

白晝的香港，密不透風，萬頭鑽動，惟利是圖，分秒必爭。對於一時有家歸不得，霎時淪為流浪狗的我，感覺望而卻步，觸目驚心。

我毫無選擇，自然而然，晝伏夜出，順理成章，也就成了夜行狗。

入夜的香港，燈火通明，景色怡人，珠光寶氣，通宵達旦。對於一時有家歸不得，霎時淪為流浪狗的我，感覺格格不入，索然無味。

入夜的香港，燈紅酒綠，紙醉金迷，醇酒婦人，不醉無歸。對於一時有家歸不得，霎時淪為流浪狗的我，感覺不可思議，莫名其妙。

我所需不多，順理成章，晝伏夜出，聞東嗅西，翻箱倒匣，撿食垃圾，但求果腹。

雪白的皮毛，不再雪白。魁梧的身形，不再魁梧。骨瘦如柴，體弱多病，不良於行。在一個偏僻陰暗的角落，我終於倒臥不起。

○○○

孤苦伶仃。

香港的流浪狗真寂寞。只要是街頭自由放任的狗，香港狗房捉狗的捕快，就絕對不留情。

抓的抓。閹的閹。閹的閹。處死的處死。

現實無情的香港社會，根本就不允許街頭流浪狗有一線生機，哪怕只是一絲希望。

香港沒有多餘的空間，更不會浪費丁點多餘的資源放在狗身上。

我體會到孤獨的悲哀。病痛煎熬，不由自主，我流露出一副乞憐的眼光。我勉強垂耳擺尾，嘗試吸引本來就已經少得不能再少的途人，期盼他們留意我的存在。起碼，要讓人知道我病入膏肓；要告訴他們，我實在急需求醫。然而，所投過來的，卻又都是千篇一律，愛莫能助的眼神。

○○○

恍惚地昏睡，正在決心虔誠等待死神的眷顧。一種熟悉的臭味卻撲鼻而來，興奮地拱着我的鼻頭，熱情地舔着我的臉頰，用力搖晃的尾巴，掀起的那種颼風，讓我不得不魂魄歸位，像是從睡夢甦醒。

用力擡起眼皮，我看見熟悉的臭味、伴着肥胖的身影，那是蓬毛的鬆獅狗，後面拖着駝背的老頭，氣喘吁吁，上氣不接下氣。鬆獅狗就是要拖着老頭，逕朝這個偏僻陰涼的角落跑。

鬆獅狗，知道我在這裡。

也只有鬆獅狗，知道我奄奄一息。

「阿蒙，找了你好久，怎麼會躺在這裡？」

老頭喚着我的乳名，急得不知所措。

使盡九牛二虎之力，這才把我抱上計程車。老頭和鬆獅狗認真地服侍我。我被送進了獸醫診所。

○○○

我不再流浪。我又回到雜貨店。

擡起眼皮，我看見被牢牢拴在桌腳的鬆獅狗。

再擡起眼皮，我被迫又得看着天生就是晚娘面孔的老闆娘。

「狗看醫生，都要花個兩千塊錢。我真倒了霉。不知道上輩子欠你什麼！」

老闆娘指桑罵槐，有一句，沒一句，就在我和老頭的耳根喋喋不休，嘮叨沒完沒了。

簡直就是疲勞轟炸。我忍不住重施故技，遵循深淺不同的交通燈色，穿越街口，就近電線桿撒尿。拉屎，一個右轉彎，又進入雜草叢生的空地，就地解決。

交通燈號深淺不同的燈色，的確帶來無限生機，橫越馬路如入無人之境。

誰說馬路如虎口。

後記——

〇〇〇

阿蒙，最後還是被狗房捉狗的捕快抓走了。即使遵循深淺不同顏色的交通燈號，來回穿梭馬路，自得其樂，依然劫數難逃。

狗房終於如願以償，奪走阿蒙為自由放縱而犧牲的寶貴生命。

只有鬆獅狗知道阿蒙。

鬆獅狗不禁為牠失去的友誼，黯然落淚，終日趴在走道，鬱鬱寡歡，茶飯不思，不久也就跟着阿蒙，撒手人寰。

奇怪的是，街口的雜貨店關門了。沒有人再看過那副皮笑肉不笑的老闆娘，也再也看不見一旁惟命是從的老頭。

一切都來得太唐突。只有轉角的交通燈號，依然如故，專心一志，跳上跳下，閃爍不停。深淺有別的燈色，風雨無阻，似乎還在告知路人，是不是橫越馬路的機會又來了。

即使脖子繫着狗環，狀似曾經還是一隻家犬，狗卻對人類的一舉一動投以懷疑眼光。

僕二者形成強烈對比。

輪胎店的黑狗無所事事，精神飽滿，主人卻忙到疲憊不堪，昏昏欲睡，主

掛着狗牌的狗滿街遊蕩，會是人的錯，還是狗之過，應該抓，還是不應該抓。

鼻頭後來才長出黑白鬍毛，老黃是目前僥倖生存街頭少數幸運的遊蕩家犬，牠卻不知何故而一臉茫然。

街頭的惡霸，窮凶極惡，據説後來經常胡吃亂喝，四處腹瀉，消瘦孱弱，已經失去踪影。

右後腿跛瘸，不良於行，狗依然振作如故，別無選擇，只好鼓起勇氣繼續流浪街頭。

拴着鐵鍊，掛着狗牌，我行我素，穿街過巷，如入無人之地的黃狗百思不解，難道這就叫做作習正常嗎。

牠只是一隻放縱的家犬，這樣的狗主比比皆是，等狗被抓再厚顏申請國賠才稱上算。

按時臥在牆角，等待好心的大廈管理員端來臢飯臢菜，流浪狗果真養生有道。

晝伏夜出，典型的夜行流浪狗，疲倦得倒頭就睡，耳朵上的爛瘡理應是經過打鬥的咬傷。

流浪狗有時候走在街坊人堆裡，讓人搞不清楚到底是不是流浪狗，真假難分，掩人耳目。

先端詳你這支鏡頭會不會是抓狗最新工具，再決定是不是應該拔腳就跑，溜之大吉。

流浪街頭的狗，心情大起大落，並不好過，彼此親愛，互相鼓勵，調整士氣，方為上策。

那邊來了一位陌生客，齊齊留意，聽其言，觀其行，見機行事，方為大計。

來者是不是不對盤的野狗，打醒精神，靜觀其變，保持狀態，有備無患。

流浪狗先聲奪人，來個下馬威，對方即使有三頭六臂，料他也不敢貿然來犯。

一絲微弱的嘆息

寫於臺北華江河濱公園

〇〇〇

淌着口水，吊着舌頭，晃着尾巴，夜夜笙歌。神不知，鬼不覺，狂歡飆舞。亢奮，做愛，失控，亂倫，男貪，女歡，放縱，洩慾。

沒有明天，拚命的幹。
沒有將來，用力的豁。

分不清三更五更，只知道精疲力竭。鑽進樹叢，倒頭就睡，三四十隻不知道究竟怎麼就聚集到一塊的狗，分頭散落，各自尋夢。哪怕旭日東升，狗依然努力睡覺。

早起的鳥兒沒蟲吃。

○○○

一天，又是一天。

一天，是重新的開始。

一天，是忘卻過去，展望將來的開始。

桂林路，人車爭道。

華江橋，車水馬龍。

三號水門外面，新店溪通往淡水河畔的停車場，此時也車進車出，循環不息，象徵分隔文明與自然的高聳堤防，並沒有引來任何好奇的目光。誰都清楚，固若金湯、彷若城牆的堤防，老早就代表人民欲克服天災的決心。

堤防，是提防颱風暴雨海水倒灌，是偉大的陳年建設。

堤防外面的河畔，就像淡水河畔，生生不息，盡是樹叢，草原，沙洲，牛背鷺，紅樹林，跑步的人，早晚散步的人，未完成的公園，陶鴨模型，石凳，球場，挖土機，路過的機車，流浪漢，以及我們這群流浪狗。全然都是景觀。似與生俱來。

○○○

哪裡會有這麼多莫須有的人工計劃。

左拐右彎，勉強找得到的三號水門出口淡水河畔，美其名為欣賞雁鴨、保護雁鴨，藉故大興土木，建造河濱公園，鋪地磚，設石凳，往後不知道還會不會畫蛇添足，搭蓋涼亭，拓寬馬路。自然樸實的野生動物棲地，眼看就要被一幫無知的非專業戶，草草割據，體無完膚。相信即使避寒度冬的雁鴨，難免也要皺起眉頭，呱呱大叫，要求歸還隱私權。興高采烈的水獺，歡天喜地的土鼬，看來全得要走為上策，遷徙避難。

虛有其表，俗不可耐，假文明正在悄然掩至，越過堤防，倒打一耙。河濱氾濫成災，自然環境危在旦夕，眼睜睜看着野生動物逐步銷聲匿跡，不再雁鴨，想必也不再流浪狗了。

那畢竟是以後的事。

○○○

挖壕溝，打地基。動工，又停工。未完成的河濱公園，暫時並不影響向來就作單向思考，一味進行反射式行動，這群來去自如的流浪狗。

狗，兵分三路，浩浩蕩蕩，列隊遊走。巡迴草原，越野叢林，視察疆土，來勢洶洶。凡來意不明，企圖走近的人，無不成為吠叫警告，被指認的目標對象。凡隨人而至的家狗，也無不成為喧囂嚷罵的特定對象。

不同的狗群，就有不一的長相。

例如，混種的靈猩群，有一隻長耳獵犬。

例如，混種的牧羊犬群，有一隻牧牛犬。

例如，混種的山犬群，有一隻獵糜犬。

例如，脖子套着半新不舊的頸圈，孤獨地來回穿梭，應該是波洛尼亞獅子犬。

例如，有雷同的狗臉，也有家族不一的狗臉。

例如，有拖着兩排奶子，一副才生育小狗的母狗；也有正處發情，形同蕩婦的小母狗。

例如，有擡頭挺胸，傲視大地，惟我獨尊，不可一世的公狗；也有似乎沆瀣一氣，狐假虎威的小公狗。

三四十隻不知道究竟怎麼就聚集到一塊的流浪狗，相互依賴，有恃無恐，自由自在，形如逍遙法外。

○ ○ ○

天，時晴時雨。狗，隨機應變。

狗，躲進樹叢，以靜制動。
狗，奔走原野，以動衡靜。
狗，坐井觀天，望天打卦。
狗，每日如是，聽天由命。

日上三竿。日從雲層裂縫展露，機不可失。狗奔向河畔，分道揚鑣。

十五隻流浪狗，胆大妄為，無視羊腸小徑慢跑的青年，無懼草地晨運的老人，擦身而過，呼嘯而去。停下來，抖抖毛。跑上前，叫叫陣。忽地轉身，狗爭先恐後，齊齊躍下淡水河，嬉戲，洗滌，沿河岸列隊踼游，轉眼已不見踪影。

那邊，十隻流浪狗，直指草原盡頭，揚長而去，轉眼也不見踪影。露臉的太陽正在大把大把的洒下極其暖和的晨光。今天是一個大喜的日子，因為有三隻發情的母狗帶來新希望。狗，無不精神奕奕，喜氣洋洋，個個摩拳擦掌。誰都知道，惟有揚眉吐氣，表現最佳狀態，方能博取發情母狗的歡心。

這邊，八隻流浪狗，不動聲色，早已朝華江橋那頭前進，無聲無息，全然消失草叢間。像是訓練，又似比賽，狗無不聚精會神，認真操練基本動作，畢竟身強力壯就是流浪的本錢。

三批流浪狗，分頭巡視，確保疆土。這是華江河濱公園範圍裡流浪狗的每日課題。兵分三路，習以為常。

○○○

搧動雪白的雙翼，忽起忽落，沾沾自喜，牛背鷺在草地，獵食草蜢。狗不屑一顧。

躺臥華江橋下的石凳，悠然閱報，正在作小憩的途人，自得其樂。狗不屑一顧。眺望淡水河面，賞心悅目，那對卿卿我我的年輕男女，情意綿綿。狗不屑一顧。

徐風娴娴，飄來淡淡的女性賀爾蒙氣味，那才教狗的精神為之一振。三四十隻不知道究竟怎麼就聚集到一塊的流浪狗，無不噘起鼻頭，瞪大眼睛，東聞西嗅，左張右望。

狗，從四面八方靠攏，畢竟今天有三隻發情的母狗。

○○○

三四十隻流浪狗，糾眾在華江橋下的水泥地面談判，那確實是一件大事。三隻母狗，同時發情，絕對會是千載難逢。

十五隻流浪狗，從淡水河畔一端，陸續登岸，接踵而至。

十隻流浪狗，自草原盡頭那端，豎起尾巴，由遠而近。

八隻流浪狗，當仁不讓，健步如飛，相繼趕到。

獨缺那隻脖子套着頸圈的波洛尼亞獅子狗，但是那並不重要。

狗，分別派出打手，上前一步，挑釁刺探，低沉的嗚嗚，瞬間爆發高分貝的叫罵。

狗，全都豎直背毛，齜牙咧嘴，各就各位，弩張劍拔，看來戰事一觸即發。

○　○　○

「砰！」

一記悶響。

華江橋上面，跌下來一塊不明物體。

重物用力地砸在橋下的那塊泥地上。

那是一個蹋着拖鞋，穿着汗衫長褲，年約六十歲的瘦弱男人。

男人並不知道，此時此客，橋下的氣氛詭異，空氣凝結。

凝結的氣氛，完全不影響男人不知道為什麼卻早已作出的決定。

男人蓄意自殺，他決定選在今天，就要從華江橋面跳下來。

瘦弱的男人，悶聲不響，哼也不哼，就砸在距離三四十隻流浪狗談判不遠的泥地上。

瘦弱的男人，眨眼之間，已經成了一具體溫猶存的纖瘦屍體。

華江橋下，沒有任何人知道發生命案。任何人，都被三四十隻不知道究竟怎麼就聚集到一塊的流浪狗，那種驚天動地的叫吠聲響懾服了。

○○○

三隻發情的母狗，分別向着心儀的公狗，垂耳示意。

高分貝的叫吠聲響中斷了。

一隻被示意的公狗，興奮得完全忘卻自己根本身置險境。牠只顧舔着母狗，專注側跨躍騎，準備進行交媾，一心想要嘗試男女歡合，巫山雲雨的甜蜜滋味。

「咻！」

那邊，一隻冷眼旁觀的公狗，躍身而起，飛越狗群，直撲而至。

一心嘗試側跨躍騎的公狗，冷不防，被咬住大腿，一個踉蹌，摔跌地面。狗，一呼百應，蜂擁而上。原本應該進行交媾的公狗，顯然已經被踩在地面，四腳朝天，屁滾尿流，嘰呱亂叫。

又是喧天價響。高分貝的叫吠，此起彼落。狗，嚷嚷不休。

嘗試交媾的公狗，抱頭鼠竄，一路哀嚎，夾着尾巴，溜之大吉。

○○○

三隻發情的母狗，形如蕩婦，繼續向着其它公狗，垂耳示意。

高分貝的叫吠，又中斷了。

又是一隻被示意的公狗，得意忘形，猛搖尾巴，俯身嗅聞母狗，渾然忘我。公狗以同樣的姿勢跨騎，以同樣的心態準備翻雲覆雨，伸長舌頭，淌滴口水。公狗，擺出一副即將獲勝的姿態。

又是一陣騷動。這邊的公狗，撲身向前，狠狠咬住那隻即將獲勝的公狗，連拉帶扯。高高在上的公狗，搖搖晃晃，沒兩下子，就被用力地拽下地面。拳打腳踢。囂喊謾罵。勝算在握，即將獲勝的公狗，遍體鱗傷，瘸瘸拐拐，逃離擂臺，苦不堪言。

○○○

三隻發情的母狗，又在各施各法。在場的公狗，各顯神通。公狗，不顧前車之鑒，前仆後繼，前仰後翻，前功盡棄。三四十隻流浪狗，真的動了肝火，一而再、再而三，扭打成團，打群架。

微風不再飄來淡淡的女性賀爾蒙氣味，陣風吹來盡是掀起的濃烈火藥味。

狗，無不疲於奔命，氣急敗壞。

狗，最後興致缺缺，兵分三路，各作鳥獸散。

〇〇〇

體溫猶存的尸體，並沒有讓狗訝異。

沒有狗駐足。

沒有狗嗅聞。

狗，繞道而行。

狗，瞅也不瞅那個早已決心，今天一定要從華江橋面跳下來，那個蓄意自殺的瘦弱男人。

遠方，警車閃着燈號，顛顛簸簸，姍姍來遲。顯然，最後是有人經過，有人看見泥地上倒臥的男尸。有人搖搖頭，打開手機報警了。

〇〇〇

警世意味濃厚的標題，赫然見報：

華江河濱公園，野狗為患，將捕捉，殺無赦。

野狗，在草叢河灘追逐水鳥，造成驚慌，甚至遭啃食。

早晚前往運動的民眾，騎車經過的騎士，都被狗追逐，不能不管。

○○○

狗，不覺大禍臨頭，大模大樣，神出鬼沒。依然如故，兵分三路，縱橫華江河濱公園，來去自如。

脖子，一圈明顯的腐肉痕跡，顯示潰爛正逐步蠶食為首白狗的殘餘性命。白狗擡頭挺胸，鬥志高昂，狗臉展現士可殺不可辱，一副不屈不撓的倔強表情。

三四十隻不知道究竟怎麼會聚集在華江河濱公園的流浪狗，就是這樣，血氣方，剛，傲氣十足。狗，兵分三路，堅忍不拔，全都必須努力地活在新店溪和淡水河畔。

「看看我們。哪一隻不曾出自名門？」

「呼之即來，揮之即去，現在又一腳把我們全都踹到水門外，誰的錯？」

「告訴我們，究竟都是誰的錯？」

○○○

華江橋下的水泥地面路邊，停放四五輛顏色鮮艷的機車。帶來的唱機，歇斯底里，嘶聲力竭，正在大聲播放幾乎走調的臺灣舞曲。

五六個中年男女，摟摟抱抱，專心練習交際舞，不發一語。

三四十隻流浪狗，由遠而近，特地跑過來，駐足觀看，搖頭擺尾，其樂融融。

那頭，蓋上白布的男人，裸露着一隻蒼白的腳丫，一動也不動。他平躺泥地，體溫猶存，纖瘦的屍體已經與世無爭了。

隱隱約約，蓋上白布的男人，似乎發出一絲微弱的歎息。

曾幾何時，我也是個大家閨秀，飯來張口，茶來伸手，好景不常，現在淪為流浪狗。

掛着紅頸圈，卻毫無意義可言，這條頸圈代表真野狗、還是假家狗，真是魚目混珠。

氣勢不凡，能夠在長久流浪生涯，保持如此姿質和毛色，委實不易。

頭上傷痕累累，正是戰事參與次數的寫實，兇狠是手段，生存才是目的。

剛生產不久的母狗，乳頭還滴着乳汁，跟着流浪狗群四處獵食，幼犬何在，無語問蒼天。

泅水是流浪狗必備本事，既可逃避追捕，又能保持清潔，還可以收去蝨除菌之效。

同進共退，互相照應，是流浪在外必須遵守的遊戲規則，流浪狗只要一有機會，即成群結隊。

右邊的黑狗肯定是流浪新丁，左邊的黃狗正在為其作精神講話，激發鬥志。

藍色的頸圈，又是誰繫上去，作用何在，卻改變不了狗的命運，牠是一隻道地的流浪狗。

一輛破車，旁邊插着兩支啤酒瓶，是浪人逗留的窩藏之地，也是流浪狗聚集躲避追捕的好地方。

睡在車底的流浪狗，白天偶爾也要出來伸伸懶腰，順便搔搔癢，理理毛，臉頰已有明顯傷痕。

白狗脖子那一圈傷痕，血肉模糊，深可見肉，觸目驚心，不難想像牠究竟是怎麼受的傷。

狗率領遊蕩，專門欺善怕惡。

流浪狗結集的勢力不容忽略，不同種類卻能夠糾黨結衆，由左邊坐着的黑

跟進大頭目。

幾群集結在一塊的流浪狗，分別由強勢的頭目負責指揮，小頭目僅能尾隨

然雄厚實力。

高高在上的母狗氣燄高漲，左下方忠心耿耿的公狗就是母狗以壯聲勢的必

避開手裡執有任何鐵器或木棍疑似異物的來人，集體移動，這是流浪狗的保命之道。

打擊欲乘母狗發情而想要傳宗接代的公狗乃是當務之急，必須給與當頭棒喝。

流浪狗將對手制伏，強壓地面，當眾羞辱，和人類的暴力行為又有什麼兩樣。

即使是牛高馬大的首領級黑狗，右邊的挑戰者並不放在眼裡，張口就咬，先下手為強。

不同的流浪狗混戰成群，幾乎就看不見有胆小狗，個個一馬當先，驍勇善戰。

這是絕對拚個你死我活的殊死戰，即使二對一，勝負已經分曉，那邊壓倒一隻，這邊前腳再擋住另外一隻。

分秒必爭，把握任何機會交媾，族群越大往往成功機率越低，打鬥往往造成嚴重傷亡。

最前面是母狗，背上騎乘是母狗，騎乘母狗的後面又有公狗騎乘，騎乘代表征服，象徵權威。

氣氛凝重，流浪狗越挨越近，惡鬥即將開始，戰爭隨時爆發，一發而不可收拾。

別以為高頭大馬就不受挑釁，體型較小的打手早已將生死置之度外，勇往直前，奮不顧身。

貼身肉搏，右邊的黑狗冷不防朝向中間起身飛躍閃避的花狗突襲，展開生死鬥。

左邊的三隻狗兄弟同心協力，朝向大耳朵獵狗奮力直撲，殺聲震天，迎面而至。

戰況激烈，敵我不分，幾十隻流浪狗扭打成一團，天昏地暗，殃及池魚，人車紛紛走避。

狗臉歲月

PUBLISHING : 郭良蕙新事業有限公司
KUO LIANG HUI NEW ENTERPRISE CO., LTD.
Room 01-03, 10/F., Honour Industrial Centre,
6 Sun Yip Street, Chai Wan, Hong Kong.
Tel: 2889 3831 Fax: 2505 8615
E-mail : klhbook@klh.com.hk
HONOR PUBLISHER : 郭良蕙 L. H. KUO
MANAGING DIRECTOR : 孫啟元 K. Y. SUEN
DEPUTY GENERAL MANAGER : 黃少洪 SICO WONG
DIRECTOR : 吳佩莉 LILIAN NG
SENIOR DESIGNER : 陳安琪 ANGEL CHAN
PRODUCTION SUPERVISOR : 劉明土 M.T. LAU
PRINTER : KLH New Enterprise Co., Ltd.
Room 01-03, 10/F. Honour Industrial Centre,
6 Sun Yip Street, Chai Wan, Hong Kong
Tel : 2889 3831 Fax : 2505 8615
香港及澳門總代理 : 香港聯合書刊物流有限公司
香港新界大埔汀麗路36號中華商務印刷大廈3字樓
電話：(852) 2150 2100 傳真：(852) 2407 3062
Email : info@suplogistics.com.hk
台北總代理 : 聯合發行股份有限公司
新北市231新店區寶橋路235巷6弄6號2樓
電話：(02) 2917 8022 傳真：(02) 2915 7212
新加坡總代理 : 諾文文化事業私人有限公司
20 Old Toh Tuck Road, Singapore 597655
電話：65-6462 6141 傳真：65-6469 4043
馬來西亞總代理 : 諾文文化事業有限公司
No. 8, Jalan 7/118B, Desa Tun Razak,
56000 Kuala Lumpur, Malaysia
電話：603-9179 6333 傳真：603-9179 6063

狗臉歲月
ISBN 978-988-8449-09-5 （平裝）

定價 港幣HK$96 台幣NT$360

初版：2017年 3月（修訂版）